葡萄病虫害
快速鉴别与防治妙招

王天元　编

化学工业出版社

·北京·

图书在版编目（CIP）数据

葡萄病虫害快速鉴别与防治妙招 / 王天元编 . —北京：
化学工业出版社，2019.11（2025.4重印）
ISBN 978-7-122-35126-5

Ⅰ.①葡… Ⅱ.①王… Ⅲ.①葡萄 - 病虫害防治
Ⅳ.①S436.631

中国版本图书馆CIP数据核字（2019）第191696号

责任编辑：邵桂林 装帧设计：关 飞
责任校对：张雨彤

出版发行：化学工业出版社
（北京市东城区青年湖南街13号 邮政编码100011）
印 装：北京建宏印刷有限公司
850mm×1168mm 1/32 印张5½ 字数153千字
2025年4月北京第1版第3次印刷

购书咨询：010-64518888 售后服务：010-64518899
网 址：http：//www.cip.com.cn
凡购买本书，如有缺损质量问题，本社销售中心负责调换。

定 价：39.00元

前言

　　病虫害防治是葡萄生产的重要保障。我国每年由于病虫害造成的葡萄损失达25%～30%。在病虫害防治上，过去单一依赖化学药剂防治。由于长期大量使用化学农药，病虫害产生耐药性，天敌数量严重减少或灭绝，一些过去的次要害虫变得猖獗，造成农药残留、污染超标的被动局面。在当前果品质量受到高度重视的形势下，果品生产的安全性受到了更多的关注，果品安全生产成为保证食用安全的源头。减少化学药剂在果园的污染，保证丰产、稳产、高效，已成为果树生产的重要举措。应充分利用整个农业生态系统，应用综合防治方法，采取可持续治理的策略，控制葡萄园的病虫害。

　　为了葡萄生产提质增效，结合各地葡萄生产及实践经验，笔者编写了这本书。书中主要介绍了葡萄病虫害为害症状、快速鉴别、病害病原及发病规律、虫害生活习性及发生规律、虫害形态特征及病虫害的综合防治方法。全书内容详尽、科学实用、通俗易懂、图文并茂，注重内容的科学性和实用性，贴近农业生产、贴近农村实际、贴近果农需要，是果农脱贫致富的好帮手。书中设计了"提示"和"注意"等小栏目，以引起读者的注意。本书适合广大果树种植户、果树技术人员及相关农林院校师生学习阅读参考。希望广大读者通过阅读本书，提高葡萄病虫害防治技术，尽快让农村致富、农业增产、农民增收。

　　在编写过程中，笔者得到了有关专家和单位的大力支持与帮助，参阅了相关书刊，引用了一些果树专家的文献资料和图片，在此对相关单位和个人表示衷心的感谢！

　　尽管笔者从主观上力图将理论与实践、经验与创新、当前与长远充分结合起来写好此书，但由于水平有限，加之编写时间仓促，疏漏之处在所难免，敬请广大读者批评指正，以便将来再版时修改和完善。

王天元

2019 年 10 月

第三章　葡萄主要虫害快速鉴别与防治 / 109

第四章　葡萄病虫害的综合防治 / 157

附录　葡萄病虫害周年综合防治历 / 164

参考文献 / 170

第一章
葡萄主要传染性病害快速鉴别与防治

一、葡萄灰斑病

1.症状及快速鉴别

主要为害叶片。

叶片发病初期，出现细小、褐色的圆点，呈轮纹状。天气干燥时，病斑边缘呈暗褐色，中间为淡灰褐色，病情扩展慢。湿度大时，出现灰绿色至灰褐色的水浸状病斑，病斑扩展迅速，相互连接，形成较大的病斑。严重时，只需3～4天即可扩展至全叶，病斑上长满病原菌，形成白色霉层。常引起叶片早期脱落。受害严重时，叶脉边缘可见黑色的菌核（图1-1）。

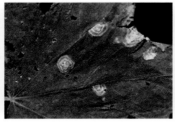

图1-1　葡萄灰斑病为害症状

2.病原及发病规律

为桑生冠毛菌，属半知菌亚门真菌。

田间病叶上所见的白色霉层，即病菌的孢子梗和小孢子。孢子梗初呈针头状芽体，后伸长，呈手指状，无色、直立，上部向四周辐射，长出球状芽体，每一芽体上有2～4个疣状突起。发育成熟的孢子梗，白色，呈尖塔状，在病叶表面向上竖起，极易脱落。从孢子梗疣状突起上，抽出数根小孢子柄，柄上生有圆形、无色小孢子，小孢子不发芽。后期病叶沿叶脉处产生菌核，初呈白色，后变为黑色，颗粒状，形状不定，大小为2～5毫米。

病菌一般以菌核越冬，成为翌年的初侵染源；也能以分生孢子在病残体上越冬。人工接种在20℃条件下，孢子梗上疣状突起6小时开始发芽，约8小时即可侵入叶片。如果以菌丝接种，需要有伤口。侵入后3天，表面菌丝长出孢子梗；在20～24℃时，第3天开始产生菌核。6天后，病斑直径达2.9～6.6厘米。

病原菌寄主范围广泛，有8科12种植物。主要靠风雨传播。低温、潮湿、多雨、寡照等条件，有利于发病。意大利品种，田间发病较重。

3.防治妙招

（1）清园　消灭越冬菌源，清除病叶，带出葡萄园外，集中烧毁或深埋。

（2）药剂防治　发病初期，可选用50%速克灵可湿性粉剂2000～2500倍液，或50%扑海因可湿性粉剂1500倍液，或50%农利灵可湿性粉剂1500倍液，或45%特克多悬浮剂3000～4500倍液。每隔10～15天喷药1次，连续防治3～4次，有较好的防治效果。

二、葡萄褐斑病

也叫葡萄大褐斑病、斑点病、褐点病、叶斑病和角斑病等。病斑直径在3～10毫米的为大褐斑病。在我国各葡萄产地多有发生，以多雨潮湿的沿海和江南各省发病较多。

1.症状及快速鉴别

主要为害叶片，侵染发病初期，呈淡褐色、不规则的角状斑点。病斑逐渐扩展，直径3毫米以上，有的可达1厘米。病斑呈圆形或不规则形，边缘红褐色，中部暗褐色，背面为淡褐色，有时病斑外围呈黄绿色。严重时，数个病斑连结成大斑，边缘清晰，叶背面周缘模糊，后期病部枯死。多雨或湿度大时，叶片病斑后期产生灰色至褐色霉层，即病原菌的分生孢子梗及分生孢子。有些品种上的病斑，带有不很明显的轮纹。

主要为害中、下部叶片。病斑多时，易干枯破裂，引起早期落叶。发病严重时，可使叶片提早1～2个月脱落。严重影响树势和下一年的开花坐果，造成减产（图1-2）。

图1-2 葡萄大褐斑病为害症状

2.病原及发病规律

为葡萄假尾孢菌，属半知菌亚门真菌。分生孢子梗细长，暗褐色，有2～6个隔膜，常10～30根集结成束状。分生孢子棍棒状，下端略宽，暗褐色，稍弯曲，具有7～11个横隔膜。病菌分生孢子寿命较长。

以菌丝体和分生孢子在落叶上越冬，也可附着在枝蔓表面越冬。翌年初夏，长出新的分生孢子梗，产生新的分生孢子。新、旧分生孢子，通过气流和雨水传播，引起初次侵染。在高湿条件下，分生孢子萌发。分生孢子发芽后，从伤口或叶背面气孔侵入，潜育期约20天。通常从植株下部叶片开始发病，逐渐向上发展蔓延。北方地区多在5～6月开始发病，7～9月为发病盛期。多雨季节可多次重复侵染，造成大面积发生。在江苏、浙江、上海等南方地区，一年有2次发病高峰，第一次在6月，第二次在8月。

分生孢子萌发和菌丝体在寄主体内发展，需要高温和高湿的条件，也是葡萄褐斑病发生和流行的主导因素。在高温和高湿的气候条件下，病菌繁殖迅速，病害发生严重，造成病害流行。一般夏季多雨的地区或年份，发病较重；干旱地区或少雨年份，发病较轻。7～8月天气干旱，或雨季向后推迟至9～10月，气温较低，不利于病害的发生，为害较轻。此外，果园管理粗放、施肥不足、树体衰弱时，也有利于发病。地势低洼、植株生长势弱，通风透光差的果园，发病更为严重。

3.防治妙招

（1）清园　秋后彻底清除葡萄园的枯枝落叶，带出园外，集中烧毁或深埋，减少和消灭越冬菌源。

（2）加强栽培管理　合理施肥，增施有机肥作基肥，配施多元素复合肥，增强树势，促使树势生长健壮，提高树体抗病力，可减轻病害的发生。在葡萄生长期间，注意果园灌水与排水，松土，改善树体通风透光条件。科学整枝，及时进行夏季修剪，合理留枝，及时摘心、剪副梢、绑蔓、整枝，降低果园湿度，保证葡萄架面通风透光。注意调整新梢留量，合理负载。发病初期，注意及时摘除病叶，带出园外，防止病害扩大传染蔓延。

（3）药剂防治　发芽前，喷1次3～5波美度的石硫合剂。

发病初期，结合防治黑痘病、炭疽病、霜霉病等，6月份可喷施1∶1∶200倍的波尔多液，或70%的代森锰锌1000～1200倍液，或50%的多菌灵800倍液，每隔7天用药1次，能够控制病害的发生蔓延。发病严重的地区，结合其他病害防治，7～9月间，可喷百菌清600～800倍液，或70%托布津800～1000倍液。几种杀菌剂应交替使用，每隔10～15天喷1次，连续喷2～3次。

> **提示**　病害一般从植株下部叶片开始发生，以后逐渐向上蔓延。因此，第一、二次喷药，植株下部的叶片要重点喷布。

> **注意**　代森锰锌在某些葡萄果实上有药害，北方更为明显。最好是先进行小面积试验，再大面积使用。

轻微发病时，可喷施中药杀菌剂奥力克速净300倍液，每隔5～7天用药1次。病情严重时，使用速净75毫升＋大蒜油15毫升，兑水15千克进行喷雾，每隔3天用药1次，喷药次数视病情轻重程度而定。

病施药时间应避开高温时间段，最佳施药温度为20～30℃。

三、葡萄小褐斑病

葡萄小褐斑病病斑较小，直径不超过3毫米。叶面会出现许多病斑。严重时，一片葡萄叶几乎全是病斑。

1.症状及快速鉴别

主要为害葡萄叶片。

发病初期，叶表面产生黄绿色的小圆斑点，逐渐扩大，呈圆形，或不规则形。边缘暗褐色，中间颜色稍浅，为灰褐色。病斑大小比较一致，直径为2～3毫米。发病后期，病斑逐渐枯死，变为红褐色至暗褐色，进而为茶褐色，在病斑背面产生一层较明显的暗褐色或黑色茸毛状霉状物，形成霉层，为病原菌的分生孢子梗和分生孢子。病情严重时，许多病斑融合在一起，形成大型斑纹，常引起早期落叶，削弱树势，严重影响葡萄产量（图1-3）。

图1-3　葡萄小褐斑病为害症状

2.病原及发病规律

为束梗尾孢菌寄生引起的病害。

病菌以菌丝体或子座在病组织内越冬，分生孢子有一定的越冬能力，孢梗束抗逆力强。翌年春季，气温升高，遇降雨或潮湿条件，越冬菌丝或孢梗束产生新的分生孢子，借气流或风雨传播到叶片上。在有水或高温条件下，分生孢子萌发，形成芽管，侵入叶片，潜育期10～20天。湿度大，潜育期短。产生的分生孢子不断进行再侵染。北方葡萄产区，多在6月开始发病，7～9月为发病盛期。天气干旱时，发病较晚。

高温、高湿的气候条件，是该病发生和流行的主导因素。夏末秋初，多雨年份及多雨地区，发病重。一年雨季最多的时候，会加速病害的发生，生长中后期雨水多时，湿气滞留，病害易爆发流行。管理粗放、不注意清园或不施肥、肥料不足、营养条件差、树势衰弱的果园（植株），抗病性较弱，易发病。结果负载过大，发病重。

3. 防治妙招

（1）选择抗病性强的品种　选用美国红提、粉红亚都蜜、奥古斯特、达米那等抗病性较强的葡萄优良品种。

（2）清园　秋后及时清除落叶，集中烧毁或深埋，减少越冬菌源。

（3）加强肥水管理　葡萄生长期，适当增施有机肥，提倡施用硫酸钾型高效复合肥或生物有机复合肥，增强树势，提高植株抗病能力。天气干旱时，适当灌水；雨水多时，注意及时排水。生长中后期，摘除下部黄叶、病叶，以利于通风透光，降低湿度。

（4）药剂防治　发病初期，结合防治其他病害，喷洒1:0.7:200倍式波尔多液，或30%绿得保胶悬剂400～500倍液，或70%代森锰锌可湿性粉剂500～600倍液，或75%达科宁可湿性粉剂600～700倍液，或50%溶菌灵可湿性粉剂800倍液，或50%甲基硫菌灵·硫黄悬浮剂800倍液。每隔10～15天喷布1次，连续防治3～4次。

提示　该病从植株下部叶片开始发生，以后逐渐向上蔓延。因此，要注重喷在植株下部的叶片，细致喷药，注意叶片的正面和反面都要喷到。

发病中后期，可用中药杀菌剂奥力克速净50毫升＋吡唑醚菌酯5克（或福美双25克），或奥力克速净50毫升＋苯醚甲环唑10克（或70%甲基托布津10克），或奥力克速净50毫升＋戊唑醇10～15克（或克菌丹15克），或奥力克速净50毫升＋多菌灵15克（或代森锰锌

20克）。兑水15千克，每隔3～5天，用药1次。

四、葡萄黄点病

也叫葡萄小黄点病。

1.症状及快速鉴别

因葡萄品种、年龄、环境条件不同，发病症状表现不同。出现黄点时，一般每个枝条上有2～3片叶，多者可达20片叶。叶片斑点颜色初为淡黄绿色，后变为锈黄色；叶片衰老时，变为白色。主要分布在主脉和侧脉的附近，形状不规则，大小不等，分散或聚合，呈不规则斑块（图1-4）。

图1-4　葡萄黄点病为害症状

在生产上，可采用嫁接葡萄属指示植物及传播草本寄主等方法，进行鉴别。

2.病原及发病规律

病原为类病毒Ⅰ型和Ⅱ型，单独或复合侵染，导致发病。

自然条件下，修剪或繁殖时，可通过工具或嫁接传播病毒。此外，染病的繁殖材料也携带类病毒，但种子不传毒。由于该类病毒在大多数欧洲或美洲品种和砧木上不显现病症，这就更有利于病害的传播蔓延，防治病害困难很大。

在气候条件适合的地区，才会表现出来，症状多在夏末表现严重。幼树症状明显，老树表现较轻。症状还会因多种病毒复合侵染，导致病害加重。

3.防治妙招

（1）培养无毒苗　将茎尖置于20～27℃培养箱中培养，得到无黄点类病毒的再生组织后，再将茎尖分生组织置于10℃的环境条件下，进行低温培养，即可得到无毒苗。茎尖脱毒时，如茎尖为0.1～0.2毫米，脱毒温度低限以25℃为宜。

由于病株种子不带毒，可用于播种育苗。

（2）修剪工具及嫁接材料消毒　修剪或繁殖时，对工具或嫁接繁殖材料进行严格的消毒，防止人为传播。

五、葡萄黄脉病

是我国重要的植物检疫对象之一。

1.症状及快速鉴别

该病因株系不同，症状也有差异。有的在叶上产生小斑点，沿叶

图1-5　葡萄黄脉病为害症状

脉分布，春季先呈黄色，夏季变为淡白色或乳白色，初期症状与扇叶病相似，果穗上部分果粒僵化，病株产量低。有的引起植株矮化，叶小，不规则，有时呈扇形，幼叶上有褪绿斑点，产量低。有的叶片黄化，卷曲，茎丛生，节间短，造成严重的减产（图1-5）。

2.病原及发病规律

病原为番茄环斑病毒。病毒粒体呈多面体，直径26～30纳米。病毒存在于叶内细胞质中。通过汁液接种，可将病毒从葡萄传到草本寄主，再从草本寄主烟草或菜豆回接葡萄。可侵染35属单、双子叶植物。病毒致死温度为60～62℃，体外存活期6～8天（22℃）。病毒具有强免疫原性。

通过嫁接繁殖，以及栽种带病毒的苗木，造成田间病害自然传播

或远距离传播。

3.防治妙招

（1）加强植物检疫　严格进行植物检疫，防止病害传播蔓延。

（2）培育无毒苗　目前主要有效的防治措施是选用无病毒健康苗木，建立高标准的无毒葡萄园。

（3）热处理脱毒　将需要繁殖的葡萄品种苗木，置于温度35℃的条件下，大约经过21天，可脱去病毒。如果在二氧化碳浓度较高的条件下进行热处理，更容易从休眠芽中除去病毒。

（4）土壤消毒　用溴甲烷或二硫化碳等消毒剂处理土壤，可减少媒介线虫的虫口量，降低发病率。

六、葡萄卷叶病

可为害葡萄的所有品种，具有半潜隐特性。多数砧木品种为隐症带毒，在大部分生长季节不表现症状。多数欧亚种病株，在果实成熟阶段才出现症状。采收后到落叶前，叶片症状最为明显。

1.症状及快速鉴别

症状随品种、环境和季节而异。春季症状不很明显，但一般病株比健株矮小，萌芽展叶迟。在没有灌溉条件的葡萄园，叶片发病症状始见于6月初，有灌溉条件的葡萄园，推迟至8月。红色品种在基部叶片的叶脉间，先出现淡红色斑点。夏季斑点扩大、愈合，导致叶片脉间在秋季正常变红之前，就已经开始变成淡红色。随着秋季的深入，病叶脉间变黄或暗红色，仅叶脉仍保持绿色。有的品种叶片逐渐干枯变褐。白色品种的叶片不变红，只是脉间稍有褪绿。少数品种如无核白的症状很轻微，仅在夏季的叶片叶脉间和叶缘出现坏死（图1-6）。

病叶除变色外，叶缘下卷，反卷后的叶片变厚、变脆，叶脉间出现坏死斑点或叶片干枯。先从基部叶片开始，并逐渐向其他叶片扩展。

从内部解剖结构看，在叶片症状表现前，韧皮部的筛管、伴胞和韧皮部的薄壁细胞，均发生堵塞和坏死。叶柄中钙、钾积累过多，而

图1-6　葡萄卷叶病为害症状

叶片中钙、钾的含量下降，造成淀粉积累。

病株光合作用降低，果穗变小，果粒颜色变浅，含糖量降低，成熟晚。红色品种的病穗，颜色不正常，没有本品种固有色泽，甚至会变为黄白色。

植株萎缩，根系发育不良，抗逆性减弱，冻害发生严重。

2.病原及发病规律

是由复杂的病毒群侵染引起，大多属黄化病毒组。目前已检测出5种类型的黄化病毒组成员，定名为葡萄卷叶相关黄化病毒组Ⅰ型、Ⅱ型、Ⅲ型、Ⅳ型和Ⅴ型。从感病葡萄分离出的病毒，有很大程度的一致性。还有一种较短的黄化病毒组病毒，称为葡萄病毒A，也经常和本病的发生有关联。上述某一种或多种病毒单独或联合感染，均可引起卷叶症状。

葡萄卷叶病在果园内传播扩散较慢。病害发生只限于韧皮部，不能靠机械传染。在昆虫媒介方面，有试验证明，卷叶病与粉蚧的存在有关。有长尾粉蚧、无花果粉蚧和橘粉蚧3种粉蚧，可以传播葡萄病毒A，长尾粉蚧可传播葡萄卷叶病毒Ⅲ型。病毒可通过感染的品种插条，进行长距离的传播，特别是美洲葡萄砧木潜隐带毒。

3.防治妙招

（1）农业防治　选育具有抗病毒病的砧木，是防治病毒病的根本措施。

（2）土壤消毒　在造成葡萄病毒病污染的地块，重新栽植葡萄时，可在栽植前，进行土壤熏蒸。较好的土壤熏蒸剂有甲基溴和二氯丙烷。甲基溴用量为每667平方米用30千克，施用深度为50～75厘米。二氯丙烷使用量为每667平方米用90～160千克，施用深度为75～90厘米。施后用薄膜覆盖。土壤熏蒸后，最好间隔1年以上，再种植葡萄。

提示 土壤消毒投入非常昂贵，且并非十分安全。因此，不宜大面积推广使用。

（3）培育和选用无病毒苗木　最好采取38℃热处理整株葡萄，经过3个月，然后将新梢尖端剪下，放于弥雾环境中生根，或茎尖组培、瓶内热处理、微米型嫁接和分生组织培养等，获得无病毒苗木。

苗木要经过指示植物或血清检测，证明无毒后，才可安全使用。检测卷叶病毒的木本指示植物有品丽珠、嘉美、黑皮诺、梅露汁、巴比拉、赤霞珠、米笋等；可在温室22℃环境中进行绿枝嫁接，嫁接后4～6周，可见到叶片变红反卷发病症状。田间嫁接要等6～8个月，甚至2年，才会表现出症状。可对许多欧亚种红色葡萄品种进行检测，获得无病毒植株，减轻病害。

（4）药剂防治

① 灌根　葡萄出土后，在3月下旬～4月上旬，在距离根系20厘米处，沿树体两侧开沟，沟深20厘米，然后用36%植毒Ⅰ号粉剂500倍药液，浇灌于沟内，渗透后埋土。

② 喷洒　用36%植毒Ⅰ号粉剂500倍药液，喷洒2次。第一次在4月中旬，葡萄芽眼开始萌动。第二次为4月下旬，芽萌动达90%以上。

提示 喷药时，喷头要用细喷片，距离葡萄枝条20～30厘米，仔细、均匀地喷透，不要漏掉一个芽眼。

七、葡萄扇叶病

也叫葡萄退化病，是一种病毒性病害。在我国的部分葡萄园中，时有发生和为害。葡萄平均减产30%～50%，影响葡萄的正常生长，造成严重的经济损失。

1.症状及快速鉴别

葡萄植株叶片、果实、果穗等均可发病。

发病初期，叶片上出现浅绿的线纹、环斑和花叶。病株叶片略成扇状，叶脉发育不正常，主脉不明显，由叶片基部伸出数条主脉，叶缘多齿，常有褪绿斑或条纹。其中，黄化叶株为叶片黄化，叶面散生褪绿斑；严重时，整叶变黄。脉带株为病叶沿叶脉变黄，叶略畸形。

病毒的不同株系引起寄主产生不同的反应，叶片有3种症状表现类型（图1-7）。

（1）传染性变形　也叫扇叶。由变形病毒株系引起。植株矮化或生长衰弱。叶片在早春即表现症状，并持续到生长季节结束，夏天症状稍退。叶片变形，严重扭曲，呈杯状，皱缩，有时伴随着斑驳，叶缘锯齿尖锐。新梢也变形，表现为不正常分枝、双芽、节间长短不等或极短、带化或弯曲等。坐果不良，果穗少，穗形小，果粒小，成熟期不整齐。

（2）黄化　由产生色素的病毒株系引起。病株在早春呈现锈黄色褪色，病毒侵染植株全部生长部分，包括叶片、新梢、卷须、花序等。叶片色泽发生改变，出现一些散生的斑点、环斑、条斑，甚至各种斑驳，斑驳限于叶脉或跨过叶脉，严重时全叶黄化。初夏时，远看葡萄园，可见到点点黄化的病株。叶片和枝梢的变形不明显。果穗和果粒多较正常的小。

（3）镶脉　也叫脉带、黄脉，由产生色素的病毒株系引起。病叶沿叶脉变黄，叶略畸形。

扇叶型病叶

黄化型病叶

黄脉型病叶

图1-7　葡萄扇叶病表现类型

枝蔓受害，病株分枝不正常，枝条节间短，常发生双节或扁枝症状，病株矮化。病株枝蔓木质化部分横切面，呈放射状横隔。病株衰弱，寿命短。

果实受害，果穗分枝少，结果少，果实大小不一，落果严重（图1-8）。

图1-8　葡萄扇叶病为害叶片和果实症状

2.病原及发病规律

病原为葡萄扇叶病毒，属线虫传多角体病毒组、南芥菜花叶病毒亚组。病毒为粒体，呈多面体，直径30纳米。可使植株叶片、果粒、果穗等部位侵染感病。病毒易进行汁液传播，可侵染胚乳，但不能侵染胚。

病毒可经过汁液接种，传至草本寄主，并可通过一些植物传播。病毒病的传播媒介，一般认为有蚜虫、叶蝉、线虫类等。枝条嫁接调运，通过带病毒的感染接穗、插条、砧木、苗木等进行传播，是病害远距离传播的主要途径。在同一葡萄园内或邻近葡萄园之间的病毒传播，在田间扩大蔓延，主要以线虫为媒介。靠土壤内的线虫传毒，常见为加州剑线虫、考克岁剑线虫和意大科剑线虫等，它们生活在葡萄根际周围的土壤中，通过刺吸病树根部组织，几分钟内就可获毒。线虫的自然寄主较少，只有无花果、桑树和月季花，而这些寄主对扇叶病毒都是免疫的，不表现发病症状。扇叶病毒存留于植物体和活的残根上，这些病毒构成葡萄扇叶病重要的侵染源。

3.防治妙招

（1）加强检疫　建立无病毒母本园，繁殖无病毒母本树，生产无病毒无性繁殖材料。凡是引进的繁殖材料，尤其是从国外引进的，必须通过植物检疫，确认不带病毒，才能进行繁殖。

优良葡萄品种如果带毒，必须进行脱毒处理，获得无毒材料后，再进行栽培。

（2）防治线虫　　选择土壤内没有传毒线虫的地块建园。栽植葡萄苗前，用杀线虫剂杀灭土壤中的线虫。

（3）脱毒与培育无毒苗　　病毒病主要通过无性繁殖材料，如接穗、插条、自根苗等远距离传播。葡萄病毒病通过药物防治，比较困难，防治措施主要是靠葡萄脱毒与培育无病毒的苗木。通过生物工程技术，采用热处理与茎尖培养相结合的方法，用组培法培养无毒苗，栽种不带毒的优良品种苗，才能控制葡萄病毒病的发生与蔓延。常用脱毒处理方法如下。

① 热处理脱毒法　　根据病毒和寄主细胞对高温的忍耐程度的差异，采用适当的温度和处理时间，使寄主体内的病毒浓度降低或失活，而寄主细胞快速生长，最终导致寄主生长点附近的细胞不含有病毒，从而达到脱毒的目的。

② 茎尖培养脱毒　　根据病毒在感染植株上的分布不同，幼嫩组织含量较低，生长点含病毒很少，或无病毒侵染。因此，利用植物组织培养技术，切取微茎尖进行培养，即可达到脱除病毒的目的。茎尖越小，去除病毒的机会越多，但外植体成活率越低。

提示　　单纯的热处理与单纯的茎尖培养均不能完全脱除病毒，且条件要求高，操作比较困难。

③ 茎尖微芽嫁接技术　　葡萄先在温室内培养，促其生长，然后取其茎尖消毒，在灭菌的超净台显微镜下切取茎尖，嫁接在预先消毒后培养在暗室内的试管中的砧木上。

④ 病毒抑制剂　　能抑制病毒的发生，与茎尖培养脱毒相结合，能脱除植株体内的病毒。

（4）处理病株　　葡萄园中发现病株，病株率较低时，及时刨除发病株，并对病株根际土壤使用杀线虫剂溴甲烷，盖严熏蒸，杀死传毒线虫，以后再补栽新的苗木。

（5）及时防治各种害虫　　尤其是可能传毒的昆虫，如叶蝉、蚜虫等，减少传播机会。

此外，培育和使用抗线虫砧木和品种，及时除去杂草，减少病虫害发生，延长果园土壤轮作年限等农业栽培措施，都可以在一定程度上控制病毒病的为害。

八、葡萄皮尔氏病

也叫葡萄皮尔斯病。除为害葡萄外，还可侵害28种植物。

1. 症状及快速鉴别

主要为害叶片（图1-9）。

幼嫩葡萄染病，几个月即枯死。老龄葡萄染病，寿命只有1年至数年。染病后，在生长中期，病株春季发芽生长推迟，叶芽出现焦叶或干叶，矮化，结果少。一般发生在单蔓或很少的几个枝蔓上。

初期叶脉褪绿，叶片生长迟缓。进入盛夏，维管束常被病菌堵塞，导致水分供应失常，叶缘呈不对称状黄化，后逐渐坏死，一直延续扩展到深秋。叶片成熟前，即先脱落，留下叶柄，叶柄完整地挂在树上，是该病重要的诊断特征。生长中后期，出现焦叶或干叶，焦叶呈带状，从叶片边缘向叶柄扩展。

叶片染病早的枝条上的果实，停止生长或凋萎死亡。染病较晚的果实，提前转色，但不是真正的成熟。

病枝蔓秋季成熟度不一，同一枝条上，一段成熟，一段留下绿色不成熟的组织。不成熟的一段易受冻，不能安全过冬，导致枯死。

葡萄根部早期生长正常，随病情的扩展，蔓延至根部和根颈部，最后枯死。

症状明显出现后，植株状况迅速恶化，病株生长逐渐衰弱。病株寿命只有1至数年。皮尔斯病症状容易同水分供应失常引起的现象混淆，而且与根朽病、弯孢壳枝枯病所引起的症状相似，应注意从以下几方面进行鉴别。

（1）症状观察　病害的检测，通常在夏末和秋季观察症

图1-9　葡萄皮尔氏病为害叶片症状

状。有经验的果农在冬眠期和早春也能观察出来。根据症状诊断欧洲种葡萄的皮尔斯病，春季的症状易和其他情况相混淆，病原在许多寄主植物是不表现症状的。绝对的鉴定则要用选择培养基培养细菌或用血清学诊断等技术。

（2）培养　皮尔斯病菌需用专用的培养基培养。表现症状的叶柄是理想的分离材料，但其他的葡萄器官也可以分离。病菌生长缓慢，需1～3周形成菌落，菌落呈白色，光滑。

（3）血清学检测　纯化的抗体，可作酶联免疫吸附法，也可用作明胶扩散试验。皮尔斯病菌各株系和榆树焦叶病、假桃树病、李叶烫病和蔓长春花萎蔫病原无血清学差异。

（4）接种试验　用培养的细菌作针刺接种，可成功接种葡萄和其他植物，使其致病。

2.病原及发病规律

是一种细小的革兰氏阴性、类似立克次氏体的细菌。该菌在木质部习居。短杆状，单生，具数层卷绕的细胞壁和胞外纤维束。在电镜下，可见细菌杆状，波纹状细胞壁是这种细菌的特征。在感病葡萄木质部超薄切片上，可见细菌堵塞的维管组织。

病害通过嫁接或由刺吸木质部养分的叶蝉或沫蝉（沫蝉科）等昆虫介体传播，但在韧皮部吸食的叶蝉，偶然刺入木质部组织，不能传播细菌。成虫或若虫都具有传病能力。介体昆虫在病株上吸食带菌后，一般要经过2小时，或短于2小时的巡回期，方可传病。介体昆虫在隐症的野生寄主上吸食或越冬，翌年春季传播到葡萄上。野生植物是皮尔氏病的重要侵染源，它们不仅被大量介体昆虫食害，而且还提供大量菌源。远距离传播，主要靠带病的苗木或接穗（图1-10）。

病菌生长适宜温度为26～28℃，适宜的pH值为6.5～6.9。

许多葡萄属的种是皮尔斯病菌的寄主。此外，还有许多单子叶植物、

图1-10　叶蝉传播细菌

双子叶植物、一年生植物和多年生植物，是这种病菌的寄主。在重病区，发现蓑衣草、百合等野生禾本科植物，以及当地草本植物、灌木和树木，也经常感染本病。

品种间抗病性有明显的差异，具抗病能力的品种有包尔魁氏葡萄、钱平氏葡萄、沙葡萄、圆叶葡萄、辛普森氏葡萄。

3. 防治妙招

抗生素处理可减轻症状，但成本高，如果不继续处理，症状仍会重新出现。田间施用抗生素，生产上不推广使用。所以，防治策略主要是消灭传毒媒介和寄主植物侵染源。

（1）严格检疫　由于葡萄皮尔斯病是危险的毁灭性病害，加强葡萄的检疫措施，可以限制皮尔斯病的扩大蔓延，阻止传入新的地区。禁止从疫区引进接穗、插条或苗木。从美洲引入，特别是从美国南部加州引种葡萄，要提高警惕，更应进行严格的检疫，经检验证实确实不带病菌方可放行。

（2）葡萄插条温水消毒　冬眠枝条藏有的病原菌是短命的。将枝条浸入45℃热水中3小时，或50℃的水中浸入20分钟，即可消灭皮尔斯病菌。

（3）选择抗病品种　特别是疫区，选用抗病品种是必要的防病措施。

（4）清洁田园　铲除杂草，减少隐症寄主、介体昆虫和病源，有利于防止该病的流行。

（5）药剂防治介体昆虫　必要时，喷洒2.5%敌杀死乳油3000～4000倍液，或20%杀灭菊酯乳油4000～5000倍液，或20%马拉硫磷乳油1000倍液等，均可防治介体昆虫，可减少传染。

九、葡萄白粉病

1. 症状及快速鉴别

主要为害叶片、枝梢及果实，以幼嫩组织最敏感（图1-11）。

（1）叶片受害　在叶片表面产生一层灰白色的粉质霉层，逐渐蔓延到整个叶片。严重时，病叶卷缩，枯萎。

（2）枝蔓受害　初期呈现灰白色小斑，后扩展蔓延，使全蔓发病。病蔓由灰白色变成暗灰色，最后变为黑色。

（3）果实受害　先在果粒表面产生一层灰白色粉状霉层，擦去白粉，表皮呈现褐色花纹，最后表皮细胞变为暗褐，受害幼果容易开裂。

图1-11　葡萄白粉病为害叶片、枝蔓及果实症状

2.病原及发病规律

为葡萄钩丝壳菌，属子囊菌亚门真菌。无性阶段为托氏葡萄粉孢霉，是一种专性寄生菌。

病原菌以菌丝体在被害组织上或芽鳞片内越冬，翌年春季，产生分生孢子，借风力气流传播到寄主表面。白粉病菌很少产生子囊壳，尤其在较高温地区。因此，子囊孢子在病害传播上作用不大。分生孢子飞落到寄主表面，如果条件适合，即可萌发，直接穿透表皮，进行初次侵染。进入寄主组织后，菌丝蔓延在表皮外，菌丝上产生吸器，直接伸入寄主表皮细胞内，吸取营养，菌丝在寄主表面蔓延。果面、枝蔓以及叶面呈暗褐色，主要是受吸器的影响。

分生孢子在温度4～7℃时，即可萌发，最高35℃，最适温度为25～28℃，病害发展最快。空气相对湿度较低时，也能萌发，相对湿度25%时，孢子萌发率可达15%。葡萄白粉病一般在6月中、下旬，开始发病；7月中下旬～8月上旬，进入发病盛期；至9～10月，少量发生，9月以后，逐渐停止发病。山东、河北、辽宁等北方地区，一般6～7月开始发病，8～9月为发病盛期。广东、湖南及上海等南方地区，5月下旬～7月开始发病，6月中、下旬～7月上旬，为发病盛期。生长季节可进行多次再侵染。

夏季果实成熟期，遇到干旱、温暖潮湿或高温闷热多云的天气，容易引起病害的大发生，常引起流行蔓延。葡萄栽植过密，枝叶过多，通风不良，施肥不当，均有利于发病。

3.防治妙招

白粉病菌对环境条件的适应性强，繁殖快。因此，在防治上，应从增强树势、喷药保护等多方面入手，进行综合防治。

（1）清园 发病较多的果园，在发病初期，注意随时清除病叶、病枝、病果，集中烧毁或深埋土中，防止传染。秋后剪除病梢，清扫病叶、病果及其他病菌残体，集中烧毁，减少越冬病菌。

（2）加强栽培管理 注意及时摘心、绑蔓，剪除副梢及卷须，并适当地疏去过密枝叶，保持通风透光良好。雨季注意排水防涝。适量施用氮肥，增施磷、钾肥，叶面喷磷酸二氢钾等叶面肥，根施硫酸钾型复合肥，增强树势，提高抗病能力。

（3）药剂防治

① 预防 在葡萄芽膨大而未发芽前，喷3～5波美度的石硫合剂，或45%晶体石硫合剂40～50倍液。6月开始，每隔15天，喷1次波尔多液，连续喷布2～3次，进行预防。

也可在发病前，使用中药杀菌剂奥力克速净300倍液，即奥力克速净30毫升，兑水15千克；或奥力克速净30毫升＋金贝40毫升，兑水15千克，进行植株全面喷施。用药次数根据具体情况而定，一般间隔期为7～10天，喷施1次。

② 治疗 发病初期，用奥力克速净50毫升＋大蒜油15毫升，兑水15千克，连用2天，即可控制病情，以后采取预防方案进行预防。发病中前期，用奥力克速净50毫升＋金贝40毫升，兑水15千克，5～7天用药1次，连用2～3次；或速净50毫升＋奥力克霜贝尔30毫升，兑水15千克，5～7天用药1次，连用2～3次。发病中后期，用奥力克速净50毫升＋吡唑醚菌酯5克（或福美双25克），兑水15千克，3～5天用药1次；或奥力克速净50毫升＋苯醚甲环唑10克（或70%甲基托布津10克），兑水15千克，3～5天用药1次；或奥力克速

净50毫升＋戊唑醇10～15克（或克菌丹15克），兑水15千克，3～5天用药1次；或奥力克速净50毫升＋多菌灵15克（或代森锰锌20克），兑水15千克，3～5天用药1次。

发病初期，也可在发芽后，喷洒1次0.2～0.5波美度的石硫合剂，或50%托布津500倍液，或70%甲基托布津1000倍液，或25%三唑酮可湿性粉剂1000倍液。

开花前至果实豆粒大小时，撒布2～3次可湿性硫黄粉，在有露水或天气炎热时，硫黄容易烧伤叶片，喷药应选无风干燥的天气，最好在午后进行。也可用3亿CFU/克哈茨木霉菌可湿性粉剂300倍液，或10%氟硅唑1500倍液，或70%甲基硫菌灵可湿性粉剂1000倍液，或乙嘧酚控白800倍液，或40%多·硫悬浮剂600倍液，或50%硫悬浮剂200～400倍液，或15%三唑酮（粉锈宁）可湿性粉剂1000～1500倍液，或12.5%烯唑醇可湿性粉剂3000～4000倍液，或20%三唑酮·硫黄悬浮剂2000倍液，或56%嘧菌酯·百菌清600倍液等。

十、葡萄霜霉病

是葡萄重要病害之一。大发生时，在果实尚未完全成熟时，成片葡萄园叶片受害脱落，减产严重，有的甚至绝收。

1.症状及快速鉴别

主要为害叶片，也能侵染嫩梢、花序、幼果等幼嫩组织。

（1）叶片受害　最初在叶面上产生半透明、水渍状、边缘不清晰的小斑点，后逐渐扩大为淡黄色至红褐色多角形病斑，大小、形状不一，限于叶脉。发病4～5天后，病斑部位叶背面形成幼嫩密集白色似霜状物，这是本病的主要特征，因此称为霜霉病。病叶是果粒的主要侵染源，严重感染的病叶，造成叶片脱落，从而降低果粒糖分的积累和越冬芽的抗寒力，严重影响下一年的产量（图1-12）。

（2）新梢受害　上端肥厚、弯曲，由于形成孢子，变为白色，最后为变褐色，进而枯死。

图1-12　葡萄霜霉病为害叶片症状

（3）果实受害　幼嫩的果粒感病后，果色变灰，表面满布霜霉。较大的果粒感病后，果粒保持坚硬，提前着色变红，霉层不太明显。成熟时，变软，病粒脱落。

2.病原及发病规律

病原为葡萄生单轴霉，属鞭毛菌亚门真菌。为专性寄生菌，只为害葡萄。

在露地栽培条件下，病菌主要以卵孢子在落叶、病叶中越冬，或随病叶残留在土壤中越冬；在冬暖地区，附着在芽上和挂在树上的叶片内的菌丝体也能越冬。卵孢子随腐烂叶片在土壤中能存活约2年。翌年春季，气温达11℃时，卵孢子在小水滴中萌发，产生芽管，形成孢子囊，孢子囊需在水滴中萌发，孢子囊萌发产生6～8个游动孢子，借风和雨水溅附于叶背，传播到寄主的绿色组织上，由叶背气孔、水孔侵入，进行初次侵染。经过7～12天的潜育期，在病部又产生孢囊梗及孢子囊，孢子萌发产生游动孢子，进行再次重复侵染。

孢子萌发适宜温度为10～15℃，最高温度21℃，最低温度5℃，在13～28℃之间形成孢子囊。游动孢子萌发的适宜温度为18～24℃。孢子囊通常在晚间生成，清晨有露水时，进行侵染，未能侵染的孢子囊，暴露在阳光下数小时后，即失去生活力。

在我国北部葡萄产区，一般7～8月开始发病，9～10月为发病盛期，一直到葡萄生长期结束。

秋季低温，多雨、多雾、多露，易引起病害流行，导致大面积病害发生。果园地势低洼，架面通风不良，树势衰弱，有利于发生病害。一般美洲种较欧亚种品种抗霜霉病。抗病性差的品种有红地球、瑞必尔、美人指、里扎马特、绯红、金玫瑰、大宝等，抗病性中等的有白香蕉、玫瑰香、新美露、甲州、甲斐路等，抗病性较强的品种有巨峰、先峰、希来特、玫瑰露、高尾、高墨、黑皮诺、龙宝、红富士、黑奥林、纽约玫瑰等，以北醇、康拜尔表现最抗病。

3. 防治妙招

（1）选用抗病品种　因美洲种葡萄较欧亚种抗病，尽可能选用美洲种系列的葡萄优良品种。

（2）越冬期加强清园灭菌　秋、冬季结合冬季修剪，进行彻底的清园，剪除病弱枝梢，清扫枯枝落叶，集中烧毁。秋冬季进行深翻耕，并在植株和附近地面喷1次3～5波美度的石硫合剂，以杀灭菌源，减少下一年的初侵染。

（3）加强栽培管理　选择地势高、土壤肥沃、通风透光好、且有良好的排灌系统的地方建园，避免在地势低洼、土质黏重、通透性差的地块建园。合理施肥，施足底肥，追肥应施含氮、磷、钾和微量元素的复合肥，增强树势。加强雨季排水工作。注重夏季修剪，确定合理的负载量，使架面新梢分布均匀，及时绑蔓、修枝、清除病残叶及行间杂草，保持架面通风透光良好。

（4）中药防治　预防时，在花前8～10天和谢花后，使用霜贝尔30毫升，兑水15千克，进行喷雾。治疗时，用霜贝尔50毫升＋大蒜油15～20毫升，兑水15千克，进行喷雾，每隔5～7天，喷1次，连用2次，病情得到有效控制后，转为预防方案。

（5）化学药剂防治　萌芽前，全面细致喷布3～5波美度的石硫合剂，或混加100倍的索利巴尔，铲除越冬病原菌。

发芽后，每隔约10天，细致喷布1次杀菌保护剂，或点燃灭菌发烟弹，或用熏蒸剂。

花后和幼果期，喷洒1:（0.5～0.7）:（200～240）倍的波尔多液，进行预防；在生长后期多雨时，喷洒2～3次1:0.7:（200～240）倍波尔多液，进行预防。或用80%乙磷铝可湿性粉剂600倍液，或72%杜邦克露可湿性粉剂600～800倍液，或75%百菌清可湿性粉剂600倍液，或80%代森锰锌·恶霜菌酯，或38%恶霜嘧铜菌酯，或78%科博可湿性粉剂600倍液，或72.2%普力克800倍液，或50%烯酰吗可湿性粉剂600~800倍液，72%霜露速净可湿性粉剂600~800倍液，或80%代森锰锌可湿性粉剂600~800倍液，或58%瑞毒霉·锰锌可湿性粉剂600倍液，或50%克菌丹可湿性粉剂500倍液，或64%杀毒矾可湿性粉剂500倍液，或90%疫霜灵粉剂500倍液，或80%必备可湿性粉剂500~600倍液等。

注意 使用时，不可用同一品种药剂连续使用，以免产生抗药性。喷雾药剂交替使用，或与克露发烟弹、克霜灵发烟弹、百菌清烟熏剂等交替使用。

为了提高葡萄的抗逆性与防治效果，增加产量，喷洒非碱性农药时，可掺入果宝1000倍液，或旱涝保收1000倍液等增效剂。也可结合每次喷药，混加0.3%~0.5%的尿素和0.1%~0.3%的磷酸二氢钾，或1000倍皮胶水，或省钱灵3000倍液等叶面肥，可提高药效。

提示 波尔多液是防治葡萄霜霉病的优良药剂，100多年来，病菌还没有产生耐药性。

十一、葡萄锈病

也叫葡萄层锈菌，发病较普遍。发病严重时，造成早期落叶，影响枝条成熟和花芽分化，直接影响葡萄的产量及品质。

1.症状及快速鉴别

主要为害植株中下部的叶片。

发病初期，叶面出现零星单个小黄点，周围呈水浸状。后在病叶背面形成橘黄色夏孢子堆，逐渐扩大，沿叶脉处较多。偶见叶柄、嫩梢或穗轴上出现夏孢子堆。夏孢子堆成熟后，破裂，散出大量橙黄色粉末状夏孢子，布满整个叶片，导致叶片干枯或早落。秋季后期，病斑变为多角形灰黑色斑点，形成冬孢子堆，表皮一般不破裂（图1-13）。

图1-13　葡萄锈病为害叶片及果实症状

2.病原及发病规律

为葡萄层锈菌，属担子菌亚门真菌。性子器圆形至近圆形，初为褐色，后变为黑色，从叶面突出。锈子器具光滑外壁，从叶背长出，内生卵形锈孢子。在葡萄上，能形成夏孢子堆和冬孢子堆。夏孢子堆生于叶背，为黄色菌丛，直径0.1～0.5毫米，成熟后，散出夏孢子。夏孢子卵形至长椭圆形，具密刺，无色或几乎无色，孔口不明显，具很多侧丝，弯曲或不规则。冬孢子堆生于叶背表皮下，也常布满全叶，圆形，直径0.1～0.2毫米，初为黄褐色，后变为深褐色。冬孢子3～6层，卵形至长椭圆形或方形，顶部淡褐色，向下渐淡，胞壁光滑，近无色。

葡萄锈病菌在寒冷地区，以冬孢子越冬，田间第一次侵染，多在夏季。初侵染后，产生夏孢子，夏孢子堆裂开，散出大量夏孢子，孢子借风，通过气流传播。叶片上有水滴及适宜温度，夏孢子长出芽孢，通过气孔侵入叶片。菌丝在细胞间蔓延，以吸器刺入细胞，吸取营养，后形成夏孢子堆。潜育期约1周，再侵染。在生长季适宜条件下，多次进行。8～9月份可继续发病，直至晚秋，至秋末又形成冬孢子堆。在热带和亚热带，夏孢子堆全年均可发生，周而复始，以夏孢子越夏或越冬。冬孢子堆在天气转凉时发生。夏孢子萌发温度8～32℃，适温为24℃；在适温条件下，孢子经60分钟即萌发，5小时后达90%。试验表明：接菌后6小时，形成附着孢，12小时后经气孔侵入，5天后扩展，7天始见夏孢子堆。冬孢子萌发温限10～30℃，适温15～25℃，适宜相对湿度99%。冬孢子形成担孢子适温15～25℃，担孢子萌发适温20～25℃，适宜相对湿度100%，高湿有利于夏孢子萌发，光线对萌发有抑制作用。因此，夜间的高温成为此病流行的必要条件。

在有雨或夜间多露的高温季节，有利于葡萄锈病的发生。管理粗放、排水不良的果园，发病较重。植株长势差，易发病。山地葡萄较平地发病重。不同品种对锈病抗性有明显的差异，一般欧洲种抗病性较强，欧美杂交种和美洲种抗性较差，易感病，欧亚种发病较轻。玫瑰香、黑奥林较抗病，金玫瑰、红富士、乍娜次之。

3.防治妙招

（1）清园，加强越冬期防治　秋末冬初，结合修剪，彻底清除病叶，集中烧毁。葡萄枝蔓埋土下架前，枝蔓上喷洒3～5波美度的石硫合剂，或45%晶体石硫合剂30倍液。

（2）选用抗病品种　抗性强的品种有玫瑰香、红富士、黑潮等，金玫瑰、新美露、纽约玫瑰、大宝等中度抗病，巨峰、白香蕉等中度感病，康拜尔、奈加拉等高感锈病。生产上应注意根据当地实际情况，灵活选择应用。

（3）加强葡萄园管理　每年入冬前，施足充分腐熟的优质有机肥。果实采收后，要加强肥水管理，保持植株健壮长势，增强抵抗力。山地果园应保证灌溉，防止缺水缺肥。生长季节，发病初期，在不影响生长的情况下，适当清除老叶、病叶，既可减少田间菌源，又有利于通风透光，降低葡萄园湿度，防止病菌传播。

（4）药剂防治　早春展叶后，每隔约10天，喷1次等量式200倍波尔多液，或25%粉锈宁1500～2000倍液，或20%萎锈灵乳油400倍液。

发病初期，喷洒0.2～0.3波美度的石硫合剂，或45%的晶体石硫合剂300倍液，或20%三唑酮（粉锈宁）乳油1500～2000倍液，或20%三唑酮·硫悬浮剂1500倍液，或40%多·硫悬浮剂400～500倍液，或20%百科乳剂2000倍液，或25%敌力脱乳油3000倍液，或12.5%速保利可湿性粉剂4000～5000倍液，或25%敌力脱乳油4000倍液＋15%三唑酮可湿性粉剂2000倍液，每隔15～20天，喷1次，连续防治1~2次。

十二、葡萄轮纹病

也叫葡萄轮斑病，在我国葡萄产区均有发生。主要为害美洲种葡萄，发病期较晚，对当年产量影响较小。发病严重时，大量叶片提早脱落，影响正常越冬及下一年植株的长势和产量。

1.症状及快速鉴别

叶片病斑初呈赤褐色，不规则形。扩大后，为黑褐色，圆形斑，表面形成深浅不同的同心轮纹，病斑直径2~5厘米，一片叶上可出现2~12个病斑，甚至更多。背面产生灰褐色的霉层，即病原菌的分生孢子梗及分生孢子。后期病斑上产生黑色子囊壳，病斑变黑（图1-14）。

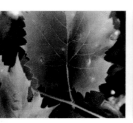

图1-14 葡萄轮纹病为害叶片及果实症状

2.病原及发病规律

为葡萄生扁棒壳菌，属子囊菌亚门真菌。病原菌形成分生孢子和子囊孢子。由病斑上的菌丝分生出分生孢子，顶端膨大，分生孢子轮生；然后顶端又延伸膨大，再生第二轮分生孢子。子囊壳生于寄主表面，单生，初为圆筒形，后呈倒棍棒形。

病原菌主要以分生孢子附着在结果母枝上越冬，或以子囊壳在落地的病叶中越冬。分生孢子4~5月间，随风雨飞散。翌年夏初温度上升、遇雨或湿度大时，子囊孢子6~7月间成熟后，散发出来，再进行广泛传播，主要靠风传播。在叶片上产生芽管，芽管一般从叶背气孔侵入，进行初侵染。发病后，病斑上产生大量分生孢子，通过风传，又进行多次再侵染。北部葡萄产区，一般7月下旬～8月上旬开始发病，9～10月为发病盛期。

高温、高湿的天气条件，多雨地区，有利于病害的发生。管理粗放、植株郁闭、通风透光差的果园，发生较重。在美洲种上，发病较重。

3.防治妙招

（1）清理果园　结合冬季修剪，清理果园，将病枝及一些落叶等病残体消除，集中烧毁或深埋，减少病菌的传播。

（2）加强果园管理　增施有机肥，合理灌水，促进树势强健，提高植株抗病能力。及时排水，降低果园湿度。

（3）选择抗病性强的品种　因地制宜地选用适合当地的抗病性强的优良品种。

（4）药剂防治　葡萄采收后，喷等量式或倍量式的波尔多液，预防病害的发生。葡萄休眠期，应喷杀菌力强的铲除剂，可用50%的多菌灵800倍液，或70%的甲基托布津1000倍液等，可取得较理想的防治效果。

> **提示**　病菌主要是在结果母枝上越冬，所以，药剂应该重点喷在结果母枝上。

十三、葡萄白腐病

也叫葡萄腐烂病，俗称"水烂"或"穗烂"，是葡萄主要病害之一。造成带病斑的果粒大量脱落，是华北、华南、西南、黄河故道及陕西关中等地经常发生的一种葡萄重要病害。在多雨年份，常伴随炭疽病一起并发流行，是葡萄损失最大的果实病害之一。大流行的年份，造成的损失可达60%以上。

1.症状及快速鉴别

整个果粒发育期，均可发病，主要为害果穗（果粒和穗轴）和枝梢，叶片也可受害。常引起穗轴腐烂，病果粒易脱落。发病严重时，地面落满一层，这是白腐病发生的最大特征（图1-15）。

图1-15　葡萄白腐病为害果粒症状

通常在枝梢上先发病，新梢和幼苗发病，病斑均发生在受损害的伤口处，如摘心部位，或机械伤口处。初期病斑呈水渍状，淡红褐色，边缘深褐色。后向上、下纵向扩展，发展成长条形、黑褐色凹陷大斑，表面密生灰白色小粒点，即病原菌的分生孢子器。当病斑环绕枝蔓1周时，其上部的枝、叶萎黄变褐，逐渐枯死。后期病斑处表皮纵裂，病枝皮层与木质部分离，表皮脱落，维管束呈褐色乱麻丝状纵裂。

叶片受害，一般在穗部发病后，叶片才出现症状。多从叶尖、叶缘开始，初呈水渍状褐色，形成近圆形或不规则形淡褐色大斑，逐渐扩大，略呈圆形，有不明显的褐色同心轮纹，后期也产生灰白色小粒点，最后叶片干枯，易碎裂（图1-16）。

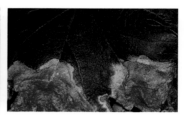

图1-16　葡萄白腐病为害叶片症状

果穗受害，先在小果梗和穗轴主轴上形成浅褐色、水浸状、近圆形或不规则形病斑。扩大后，其下部的果穗部分干枯，很快向果粒蔓延，发病果粒病斑先在基部呈黄色，后变为褐色，扩展到全果时，变成淡褐色软腐，逐渐发展至全粒变褐腐烂。后期病粒果皮及穗轴病部表面，密生灰白色小粒点，为病原菌的分生孢子器。小颗粒状湿度大

时，由分生孢子器内溢出灰白色
分生孢子团，以后病果失水干缩，
形成有棱角的猪肝色的僵果。严
重发病时，造成全穗腐烂，果梗
穗轴干枯缢缩，震动时，病果病
穗极易落粒（图1-17，图1-18）。

图1-17　葡萄白腐病发病果穗

2.病原及发病规律

　　为白腐盾壳霉菌，属半知菌
亚门真菌。分生孢子器球形或扁球形，灰白色至灰褐色，并有孔口。
分生孢子梗单胞，椭圆形或瓜子形，初期无色；成熟时呈褐色，着生
在孢子器底部的丘状组织上。

图1-18　葡萄白腐病为害果穗干缩症状

　　以分生孢子附着在病组织上越冬，也能以菌丝在病组织内和土壤
中越冬。在土壤的病残组织内，病菌可存活4～5年，直接在土中也
可存活1～2年。白腐病首次侵染来自于土壤，主要靠雨滴溅落、飞
散传播。散落在土壤表层的病组织及留在枝蔓上的病组织，在春季适
宜的温度、湿度条件下，由孢子器弹射出大量的孢子，分生孢子可借
风雨传播，由伤口、蜜腺、气孔、较弱枝蔓的表皮等部位直接侵入。
经过3～5天的潜育期，即可发病，并进行多次重复侵染。

　　葡萄白腐病属高温、高湿型病害。孢子发育最适温度为
28～30℃，最低13～14℃，最高37℃，大气湿度在95%以上时，适
宜病害发生，孢子萌发率可达80%。高温、高湿及多雨的季节，病害
严重。夏季大雨过后，紧接着持续高湿（相对湿度95%以上）和高温

（28～30℃），是病害最适宜流行的条件。白腐病的发生与雨水有密切的关系，雨季来得早，病害发生也早；雨季来得迟，病害发生也迟。大雨或连续下雨后，就会出现1次发病高峰，一般出现在雨后1周以后。特别是遇暴风雨和雹害后，常引起白腐病的大流行。

在北方，从7月至采收期都可发病。7月上中旬开始发生，8月中旬进入发病盛期，直至采收前，不断发展。果实着色期，发病加重，暴风雨后，出现发病高峰。在南方，谢花后7天（6月10日前后）始见病穗，出现第一次高峰。成熟前10天（7月10～15日），进入盛发期，为第二次高峰。以后随着果实成熟度的增加，每次雨后，便可出现一次高峰。

由于白腐病菌是从伤口侵入，因此，一切造成伤口的条件，都有利于发病，如风害、虫害及摘心、疏果等农事操作，均可造成伤口，有利于病菌趁机侵入，特别是风害，影响更大，每次暴风雨后，常会引起白腐病的盛行。

病害的发生与寄主生育期关系密切，果实进入着色期与成熟期，感病程度也会逐渐增加。

栽植方式与病害发生也有一定的关系，一般篱架栽植，受害重；棚架栽植，受害轻。

果穗的部位与发病也有很大的关系，近地面处结果部位过低，容易发病。据调查，有80%的病穗发生在距地面40厘米以下的果穗上，其中20厘米以下的占60%以上，60厘米以上的果穗受害较少。因为接近地面的果穗，易受越冬后病菌的侵染，同时下部通风透光较差，湿度大，容易诱发病害。

土壤黏重、肥水不足、管理粗放、杂草丛生、地势低洼、排水不良的葡萄园，发病重。留枝蔓过多，枝叶密闭，通风透光不良，树势弱，发病重。偏旺和徒长的植株，易发病。

不同品种的抗病性有所不同，抗病性差的品种有龙眼、黑汉、绯红、玫瑰香、佳利酿、马福鲁特、甜水、阿里戈特、小白玫瑰、季米亚特等，抗性中等的品种有红玫瑰香、黄玫瑰香、上等玫瑰香、吉姆沙等，抗性较强的品种有紫玫瑰香、纽约玫瑰、卡拉斯玫瑰、蓓蕾玫瑰、意大利、保尔加尔、粉红太妃、葡萄园皇后、底拉洼、白卡库尔、白羽、黑多内、法国蓝、白雅、沙别拉维及里斯林等。

3.防治妙招

（1）加强肥水管理　多施有机肥，科学用肥，增强树势，提高树体抗病能力。注意果园排水，清沟排水，及时除草，降低湿度，保证通风透光，改善葡萄园的田间小气候，创造适宜生长的环境条件。

（2）合理确定负载量　新梢间距离不小于10厘米，留枝量合理，留果适量，架面通风透光良好，增强植株抗病能力。

（3）加强栽培管理　病害严重的葡萄产区，注意选择抗病性强的优良品种，及时摘心、绑蔓和中耕除草。篱架栽植的葡萄受害重，设法改善修剪方式，调整结果部位。加强夏剪，处理副梢，使果园枝叶间通风透光良好，降低湿度。结果部位高，发病轻，因此，适当提高结果部位，保证葡萄架面通风透光，减少病菌侵染的机会。立架栽培，果穗离地面的距离不要太低，50厘米以下最好不留果穗。双十字"V"形架，结果部位安排在80～100厘米之间，可减轻病害的发生。对近地表的果穗，可进行套袋，防止病菌侵入。

（4）清理果园，清除病源　葡萄生长季节，勤检查，注意保持葡萄园清洁，及时摘除病果、病叶，剪除病蔓。生长季节及秋季采收后，结合修剪，彻底刮除病皮，搞好落叶清扫及其他清园工作，将被害的僵果、病蔓、枯枝落叶等病残体，带出园外，集中烧毁或深埋地下，减少病害的侵染源。

（5）套袋　在发病严重的地区，要推广果穗套袋技术，既能提高果品质量，也能防止病菌侵染，减少农药的喷施。

（6）保护伤口　在田间管理操作中，应尽量减少机械伤害，并结合修剪、疏果、摘副梢、去卷须等工作，发现病果、病蔓时，应及时摘除，以免继续蔓延，尤其在发病初期更为重要。生长季如果发生冰雹、暴风雨等自然灾害，在灾害发生后的12小时内，要及时喷布70%甲基托布津800～1000倍液或其他杀菌剂，保护伤口，防止白腐病大暴发。

（7）土壤灭菌　对白腐病发生较严重的重病葡萄园，除加强树体的防治外，在萌芽前绒球期时，对地面用铲除剂灭菌，可在树盘内地表面喷洒5波美度的石硫合剂。在开花前后发病前，进行地面撒药灭菌。常用福美双1份、硫黄粉1份、碳酸钙2份，三者混合均匀后，撒施在葡萄园的地面，进行土壤消毒，一般撒施1～2千克/667平方米。

上一年发病重的葡萄园，待新梢生长期，气温上升到15℃以上时，土壤中越冬的分生孢子已开始萌发，地面喷1次铲除剂，可喷洒4%的灭菌丹200倍液，或50%的多菌灵500倍液，或2～3波美度的石硫合剂，或用科博500～600倍液等保护剂，必须在发病前约1周开始喷第一次药。可大量减少初侵染的菌源。用药后植株生长健壮，叶片浓绿，有光泽，防病效果可达82%～98%。或进行地膜覆盖，减少越冬菌源的侵染。

注意 喷药时，必须在无风或微风下使用，避免将药液喷到植株上的任何部位。

提示 在开花前后，应以波尔多液、科博等保护性药剂为主。坐果后遇降雨即进行防治，选用能兼治黑痘病和炭疽病的农药。以后根据病情及天气情况，每隔7～15天喷药1次。

（8）生物防治

① 预防　在辽宁、河北等北方地区，一般6～7月开始发病，8～9月为发病盛期；广东、湖南及上海等地，5月下旬～7月开始发病，6月中、下旬～7月上旬为发病盛期。在发病前，使用有机杀菌剂"奥力克速净"500倍液，或中药生物制剂"靓果安"500倍液，进行植株全面喷施。一般间隔期为7～10天，喷施1次。用药次数根据病害发生程度而定。

② 治疗　发病初期，采用中西医结合的方法，发挥中药治病稳定、长期和化学药剂治病迅速的综合优势，即奥力克速净50毫升＋内吸性强的防治白腐病的化学药剂（如10%苯醚甲环唑水分散粒剂1000～1500倍液，为平常用量的1/3～2/3），兑水15千克，连用2天，即可控制病情，以后采取预防方案进行预防。

（9）化学药剂防治 病害始发期，根据病情及天气情况，开始喷药，每隔10～15天喷1次，连续喷3～5次。常用50%退菌特可湿性粉剂800～1000倍液，或50%福美双可湿性粉剂600～800倍液，或50%多菌灵可湿性粉剂800～1000倍液，或50%托布津可湿性粉剂500倍液，或75%百菌清可湿性粉剂500～600倍液，或10%世高水分散粒剂1000～1500倍液，或10%施宝灵1500～2000倍液，或70%代森锰锌700倍液，或64%杀毒矾700倍液，或9%白腐霜克400倍液，或速克灵800～1000倍液，或腈菌唑2500～3000倍液，或25%的戊唑醇13毫升兑15千克水，或用50%福美双1份+65%福美锌可湿性粉剂1份+水1000份，或白腐霜克500倍液+69%安克锰锌700倍混合药液等，对葡萄白腐病有明显的防治效果。在雨季，一般药液配好后，加入0.03%～0.05%的皮胶或加倍威等，可提高药液粘着性，减少雨水冲刷。

使用杀菌剂时，应交替轮换使用，提高药效。避免用单一的药剂，以免产生抗药性。

注意 退菌特应在采收前20天停止使用，以免影响果实食用。果实采收前，使用铜素杀菌剂（如波尔多液等）防治，容易污染果面，降低葡萄的商品价值。

提示 葡萄病害在不同的地域，因独特的气候条件，都有一定的发病规律，要注意观察、积累，以防为主，在某种病害高发期前，先喷保护性农药加以预防，见病初发立即对症用药，及时治疗。否则，错过最佳时机，防治非常困难，损失极大。

十四、葡萄灰霉病

也叫葡萄灰腐病，灰霉软腐病，俗称"烂花穗"，是目前世界上发生比较严重的为害葡萄病害之一，也是设施栽培和气候潮湿时，以及葡萄采后贮藏中常发生的主要病害。在所有贮藏期发生的病害中，葡萄灰霉病造成的损失最为严重。南方地区露地和大棚栽培，病害较重，有的年份能引发整串的葡萄坏掉，严重影响葡萄的产量和质量。

葡萄灰霉病和白腐病都是葡萄果实的重要病害之一，大部分果农分辨不清，容易混淆。

1. 症状及快速鉴别

为害葡萄花序、幼果、新梢、幼叶，成熟的果实最易感染发病。有潜伏侵染的特性。

花前发病，多在花蕾梗、花冠上发生，呈淡褐色。花期为害花穗（花冠、花梗）。花后发病，多在穗轴部分，为害穗轴，受害部分以后干枯脱落，造成落花落果，坐果后发病较少。但果实成熟后期及在贮运过程中，如遇到低温、阴雨的条件时，仍可造成为害，成熟期受侵害的果粒，变褐腐烂，并在果皮上，产生灰色霉状物。

花序、花穗及幼果感病，先在花梗和小果梗或穗轴上，产生淡褐色、水浸状病斑，后扩展，造成花序萎缩、干枯和脱落。发病严重时，整花穗或一部分花穗腐烂，果农称为"烂花穗"。后病斑变褐色并软腐。空气潮湿时，病斑上可产生鼠灰色霉状物，即病原菌的分生孢子梗与分生孢子。空气干燥时，感病的花序、幼果逐渐失水、萎缩，后干枯脱落，造成大量的落花落果。严重时，可整穗落光（图1-19，图1-20）。

图1-19　葡萄烂花穗　　　　　图1-20　整串的
葡萄坏掉

新梢及幼叶感病，产生淡褐色或红褐色、不规则的病斑，病斑多在靠近叶脉处发生，叶片上有时出现不太明显的轮纹，后期空气潮湿时，病斑上也可出现灰色霉层。不充实的新梢在生长季节后期发病，皮部呈漂白色，有黑色菌核或形成孢子的灰色菌丝块。

果实感病后，首先产生褐色、凹陷的病斑，后随病菌扩展。果实上浆后、近成熟和贮藏期间感病，果面上出现褐色、凹陷的病斑，快速扩及果粒。扩展后，整个果实全部变褐腐烂，引发整串的葡萄坏掉。并先在果皮裂缝处产生灰色孢子堆，后蔓延到整个果实，最后被害果粒及穗轴，被覆绒毛状鼠灰色霉层。有时在病部可产生黑色菌核或灰色的菌丝块。在果实成熟期被侵染，如果随后的天气干燥，病原菌潜伏在果实内，果面不呈现病症，但果皮变薄，果实失水皱缩，不腐烂，且糖分高，因而这种现象又称作"贵腐病"（图1-21）。

图1-21　葡萄灰霉病为害果实症状

2.病原及发病规律

为灰葡萄孢霉，属半知菌亚门真菌。灰葡萄孢霉是一种寄主范围很广的兼性寄生菌，可侵染多种水果、蔬菜和花卉等植物。分生孢子梗从寄主表皮、菌丝体或菌核上长出，较密集。孢子梗细长分支，浅灰色，顶端细胞膨大，孢子梗上生许多小梗，着生分生孢子，聚集一起，呈葡萄穗状。分生孢子圆形或椭圆形。

病菌以菌核、分生孢子及菌丝体随着病穗、病果等病残组织在土壤中越冬；有的地方，病菌秋季在枝蔓或僵果上形成菌核越冬，也能以菌丝体在树皮和冬眠芽上越冬。菌核和分生孢子抗逆性很强，越冬以后，翌年春季温度回升，在15～20℃时，遇雨或湿度大等适宜条件时，菌核即可萌发，产生新的分生孢子。分生孢子通过气流、风雨，传播到花序、花穗上，分生孢子在清水中几乎不萌发，一般为潜伏状态。在花器上，有糖类或酸类物质作为营养的条件下，分生孢子很容易萌发。通过伤口、自然孔口及幼嫩组织侵染，侵入寄主，实现初次侵染。发病后，产生大量的分生孢子，借风雨传播蔓延，进行多次再侵染。

灰霉病的发生要求低温、高湿的天气条件。菌丝生长和孢子萌发适温为21℃。相对湿度92%～97%，pH值3～5，对侵染后的发病最为有利。在糖类或酸类物质刺激下，分生孢子很快萌发。侵入时间与温度有很大关系，温度过高或过低，都会延长侵入期。在16～21℃，18小时可完成侵入；4℃约需36～48小时；2℃需要72小时。灰霉病发生需要的湿度并不很高，有的年份，在花期并不下雨，但只要早上、夜里有露水时，就能满足病菌侵入的条件需求。重要的是温差，开花期温差大的年份，发病严重。

露地葡萄初侵染期在5月上中旬。一年有2次发病期。第一次发病期在5月中下旬～6月上旬（开花前后），一般发病时间在葡萄开花前平均7～10天，所以有的果农将灰霉病的发生，当作计算花期的标准。在花前，发生较轻；末花期至落果期，发病重。春季葡萄花期，如果低温多雨，空气湿度大，常造成花序大量被害，花穗腐烂脱落。第二次发病期是在果实着色至成熟期，与果实糖分转化、水分增高、抗性降低有关。如果久旱逢雨，土壤水分饱和，引起裂果后，病菌从伤口侵入，导致果粒大量染病。

大棚葡萄发病早，如果大棚湿度高，外界气温低（特别是阴雨天），灰霉病进入侵染高峰，但不会表现症状。等到天气晴好、温度升高以后，病状迅速出现。到开花期后、果实成熟前及贮藏中，易突然发病。潮湿的环境中，病菌扩散很快，病害难以防治。

管理粗放，施氮肥过多，磷、钾肥不足，机械伤、虫伤较多的葡萄园，易发病。地势低洼、土壤黏重、排水不畅、空气湿度大等，均能促进发病。枝梢徒长，夏季修剪不及时，枝叶郁闭，通风透光不足的葡萄园，发病重。设施栽培，由于湿度大，也极易发病。

葡萄不同品种对灰霉病抗性不同，无核白、赤霞珠、京亚、京优、维多利亚、黑汉、黑大粒、奈加拉等为高抗品种，白香蕉、玫瑰香、葡萄园皇后等中度抗病，巨峰、红地球、雷司令、洋红蜜、新玫瑰、白玫瑰、胜利、乍娜等品种，属于高感品种。

4. 防治妙招

在花期、幼果期重点应以预防为主，实现现代化绿色无公害防治。

（1）农业防治　露地栽培和保护地栽培，都要注意土壤排水，合理灌水，降低湿度，控制氮肥，防止徒长，控制病菌扩散再侵染。在秋季落叶和冬剪时，细致修剪，防止架面与棚内郁闭，增强葡萄园通风透光，是预防灰霉病发生的根本方法。

（2）清园　冬春清扫落叶，要认真细致，发病时的病穗果，要及时清理。并结合施肥，将落叶与表层土壤与肥料掺混，深埋在施肥沟内。发病初期，及时剪净病枝蔓、病果穗、病果及病卷须，彻底清除枯枝病叶，带出园外，集中烧毁或深埋，以清除病源，减少再次侵染。

（3）合理施肥　秋施基肥以充分腐熟的农家肥为主；在葡萄果实生长期，增施磷、钾肥，补施硼、锌等微肥。防止偏施氮肥，避免植株过密而徒长，影响通风透光，降低抗性。

> **提示**　控制氮肥过多施入，控制避免枝蔓徒长、防止架面与棚内郁闭，是预防此病发生的根本方法。

（4）果穗套袋　幼果期及时套袋，消除病菌对果穗的为害。

（5）药剂防治　彻底清园后，在萌芽前，用5波美度的石硫合剂，全园喷布，铲除、灭除各种植物残体上的越冬菌源。或萌芽前半个月，使用溃腐灵60～100倍液＋有机硅，进行全园喷洒，杀灭病菌，补充树体营养。

展叶开花期，为灰霉病和黑痘病的高发期，注意加强综合防治。在花前7～10天、落花落果期及果穗套袋前，是用药的几个最佳关键时期。常用40%咯菌腈5000倍液，或45%～50%的多菌灵500～800倍液，或50%的甲基托布津600～800倍液，或50%农利灵500～600倍液，或50%腐霉利（速克灵）2000倍液，或50%异菌脲（扑海因）可湿性粉剂1000～1500倍液，或75%抑霉唑硫酸盐5000倍液，或甲霜灵800倍液，或代森锰锌1000倍液，或多霉灵1500倍液，进行喷雾，重点喷施花序和果穗，均有很好的防治作用。

花期停止喷药，花后立刻喷药，以后每隔约10天，喷药1次，即可控制发病。

使用靓果安300倍液＋沃丰素600倍液＋有机硅喷雾2次，每次间隔10天，可保花。第一次生理落果期，使用靓果安300～500倍液＋沃丰素600倍液＋有机硅喷雾。

果实发育期，发病初期，立即剪除病粒，并用40%咯菌腈5000倍液＋25%嘧菌酯（阿米达）2000倍液，或40%嘧霉胺（施佳乐）1000～1500倍液，或50%嘧菌环胺800～1000倍液，或10%多抗霉素1000～1500倍液等，进行喷雾防治，重点喷施果穗，有良好的防治效果。

提示 为避免病菌产生抗药性，不同类杀菌药剂应轮换交替使用。

（6）棚室葡萄防治灰霉病

① 地面地膜覆盖　选用无滴消雾膜作为设施的外覆盖材料，棚内在花前实行清耕法或地面全面积地膜覆盖，降低室（棚）内空气湿度和土壤湿度，抑制病菌孢子萌发，减少侵染。还可提高地温，促进根系发育，增强树势，提高抗性，阻挡土壤中的残留病菌向空气中散发，降低发病率。

② 注意调节室（棚）内温、湿度　白天使室内温度维持在32～35℃，空气湿度控制在约75%，夜晚室（棚）内温度维持在10～15℃，空气湿度控制在85%以下，抑制病菌孢子萌发，减缓病菌生长，控制病害的发生与发展。

③ 夏季不要撤掉棚膜，可开大顶风口与底风口　防止病菌借雨水传播，诱发枝蔓、叶片发病。

十五、葡萄炭疽病

也叫晚腐病，在我国各葡萄产区发生较为普遍，为害果实较重。在南方高温多雨的地区，早春也可引起葡萄花穗腐烂。华南地区3～4月份，葡萄开花坐果期间，常遇连绵不断的春雨，空气湿度很大，不少葡萄园，常普遍发生炭疽病菌侵染的花穗腐烂，有的病穗率达

20%～30%。

1.症状及快速鉴别

（1）花穗腐烂　葡萄在花穗期，很易感染炭疽病菌，受炭疽病菌侵染的花穗，从花顶端小花开始，顺着花穗轴、小花、小花梗发展。初为淡褐色湿润状，逐渐变为黑褐色腐烂，有的整穗腐烂，有的间有几朵小花不腐烂。腐烂的小花受振动易脱落。空气潮湿时，病花穗上常长出白色菌丝和粉红色黏稠状物，为病菌的分生孢子团。

（2）果腐　果实受侵染，一般在转色成熟期，才陆续表现症状。病斑多发生在果实的中下部，初为圆形或不规则形，水渍状，淡褐或紫色小斑点，以后病斑逐渐扩大，直径可达8～15毫米，并转变为黑褐色或黑色，果皮腐烂并明显凹陷，边缘皱缩呈轮纹状，病健组织交界处有僵硬感。空气潮湿时，病斑上可见到橙红色黏稠状小点，为病菌的分生孢子团。后期在粉红色的分生孢子团之间或其周围，偶尔可见到灰青色的一些小粒点，为病菌的有性阶段子囊壳。发病严重时，病斑可扩展至半个以至整个果面，或数个病斑相联，引起果实腐烂，腐烂的病果易脱落（图1-22）。

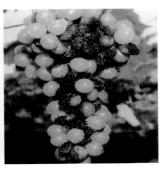

图1-22　葡萄炭疽病为害果实症状

（3）果枝、穗轴、叶柄及嫩梢　受侵染后，产生深褐色至黑色的椭圆形或不规则短条状的凹陷病斑。空气潮湿时，病斑上也可见到粉红色的分生孢子团。

果梗、穗轴受害严重时，可影响果穗生长，导致果粒干缩。

（4）叶片　受害时，多在叶缘部位产生近圆形或长圆形暗褐色病斑，直径2～3厘米。空气潮湿时，病斑上也长出粉红色的分生孢子团。

2.病原及发病规律

为围小丛壳菌，属子囊菌亚门真菌。病菌有潜伏侵染的特性，当病菌侵入绿色部分后，即潜状、滞育、不扩展，直到寄主衰弱后，病菌重新活动扩展，直至果实近成熟期，才陆续表现发病。

病菌主要以菌丝体在一年生枝蔓表层组织及病果上越冬，或在叶痕、穗梗及节部等处越冬。翌年春季环境条件适宜时，产生大量分生孢子，通过风雨或昆虫传到果穗上，孢子发芽，直接侵入果皮，引起初次侵染。在河南郑州，大约从5～6月开始，每下一场雨，即产生一批分生孢子，孢子发芽，直接侵入果皮。幼果潜育期约为20天，近成熟期果为4天。潜育期的长短除温度影响外，与果实内酸、糖的含量有关，酸含量高，病菌不能发育，也不能形成病斑。硬核期以前的果实及近成熟期含酸量减少的果实，病菌能够活动，并形成病斑。近成熟的果实含酸量少，含糖量增加，适宜病菌发育，潜育期短。所以，一般年份，病害从6月中下旬开始发生，以后逐渐增多。7～8月间，果实成熟时，病害进入盛发期。严重为害时期，一般在8月下旬～9月上旬，即果实近采收前。

一年生枝蔓上潜伏带菌的病部，越冬后在下一年环境条件适宜时，产生分生孢子。在完成初侵染后，随着枝蔓的加粗与病皮一起脱落。新的越冬部位，又在当年生蔓上形成，这就是该病菌在葡萄上每年出现的新旧越冬场所的交替现象。二年生枝蔓的皮脱落后，即不带菌，老蔓也不带菌。

（1）气候条件　病菌产生孢子，需要一定的温度和雨量。病菌发育最适温度为20～29℃，最高温度为36～37℃，最低温度8～9℃。孢子产生的最适温度为28～30℃，在适宜温度下，经过24小时，即出现孢子堆。15℃以下，也可产生孢子，但所需时间较长。至于产生孢子时的雨量，以能够湿润病组织为度。华北地区6月中下旬的温度，已能满足孢子产生的条件要求，但天气常干旱，因此，雨量就成为影响孢子产生的重要因素。如果在这个时期，日降雨量在15～30

毫米，田间即可出现病菌的孢子。以后陆续降雨，孢子也会不断出现。葡萄成熟时，高温多雨，常导致病害的大流行。

炭疽病菌分生孢子外围，有一层水溶性胶质，分生孢子团块只有遇水后，才能消散并传播出去。孢子萌发需要较高的温度，所以，夏季多雨，发病严重。

（2）品种　葡萄品种之间对炭疽病的抗性有差异。一般果皮薄的品种，发病较重。早熟品种可避病，晚熟品种常发病较重。欧亚种葡萄，因为感病重，在南方不适合种植。抗病性差的品种有无核白、牛奶、亚历山大、鸡心、保尔加尔、葡萄园皇后、莎芭珍珠、意大利玫瑰、甜水、黑汉、玫瑰香、龙眼、马福鲁特等，抗病性较强的品种有巨峰、黑奥林、早生高墨、红富士、龙宝、佳利酿、蜜紫、小红玫瑰等，抗病性强的品种有康拜尔、牡丹红、玫瑰露、先锋、黑潮、贝拉玫瑰、刺葡萄、白玉、六月鲜等。

（3）栽培管理　果园排水不良，架式过低，枝蔓、叶片过密，通风透光不良等环境条件，都有利于发病。

3.防治妙招

（1）农业防治

① 搞好清园工作　结合修剪，清除留在植株上的副梢、穗梗、僵果、卷须等，并将落在地面的果穗、残蔓、枯叶等彻底清除，集中烧毁。对葡萄园进行秋季土壤深翻，使地面的病果等病残体被埋入土中，以减少果园内病菌来源。

② 加强栽培管理　生长期要及时摘心，及时绑蔓，使果园通风透光良好，减轻发病。同时及时摘除副梢，防止树冠过于郁闭，创造不利于病害发生和蔓延的环境条件。注意合理施肥，氮、磷、钾三要素应适当配合，要增施钾肥，以提高植株的抗病力。雨后要搞好果园的排水工作，防止园内积水。

③ 套袋　对一些高度感病品种或严重发病的地区，可在幼果期进行套袋防病。

（2）药剂防治

① 葡萄萌芽前，喷洒1次3～5波美度的石硫合剂，或45%晶体石

硫合剂30倍液，以铲除潜伏在枝蔓表层组织内的越冬病菌。

②在花前、谢花后、幼果期、果实膨大期、转色初期，喷药进行保护，生长季根据气候及发病状况，一般在6月下旬～7月上旬喷布第一次药，可选用50%退菌特可湿性粉剂800～1000倍液，或80%炭疽福美可湿性粉剂500～600倍液，或80%大生米-45可湿性粉剂800倍液，或78%科博600倍液，或70%甲基托布津800～1000倍液，或50%代森锰锌300～500倍液，或25%炭特灵500～700倍液，或福星8000～10000倍液，5%田安500倍液，75%百菌清可湿性粉剂500～800倍液，50%多菌灵可湿性粉剂1000倍液，或1∶0.5∶200石灰半量式波尔多液，或25%敌力脱乳油4000～5000倍液，或25%使百克乳油500～800倍液，或50%福美双可湿性粉剂600倍液，或10%世高水分散粒剂1500～2000倍液，或68.75%易保水分散粒剂1200～1500倍液，或52.5%抑快净水分散粒剂2000倍液，或53.8%可杀得2000干悬浮剂1000倍液，或75%达科宁可湿性粉剂600倍液等。以后每隔10～15天喷1次，共喷3～5次。

在果实开始着色前，对果穗喷洒1000倍福美双＋1000倍代森锌，每2周1次，采收前15天，停止喷药。

十六、葡萄酸腐病

在我国近几年已成为葡萄的重要病害之一。为害严重的葡萄园，损失可达30%～80%，甚至绝收。

1.症状及快速鉴别（图1-23、图1-24）

（1）烂果 有腐烂的果粒，如果是套袋的葡萄，在果袋的下方有一片深色的湿润，果农习惯称之为"尿袋"。

（2）有醋蝇 在烂果穗周围，常有类似于粉红色的小苍蝇出现，长约4毫米。

（3）有醋酸味。

（4）果内有小蛆虫 正在腐烂、流汁液的葡萄烂果，在果实内可以看到白色的小蛆虫。

（5）果粒腐烂后，腐烂的汁液流出，会造成汁液流过的地方（果实、果梗、穗轴等）继续腐烂。

（6）葡萄果粒腐烂后，果粒干枯，只剩果实的果皮和种子。

图1-23　葡萄酸腐病为害症状

图1-24　裂果伤口，导致酸腐病果肉坏死，汁液流出

2.病原及发病规律

为醋酸细菌、酵母菌、多种真菌、果蝇幼虫等多种微生物和昆虫共同为害。严格地讲，酸腐病不是真正的一次性病害，应属于二次侵染病害。

引起酸腐病的因素主要是葡萄裂果、伤口（冰雹、鸟害、虫害、机械损伤）、葡萄炭疽病、葡萄白腐病、葡萄灰霉病、葡萄日烧病等。

首先是由于伤口的存在，机械损伤（如冰雹、风、蜂、鸟等造成的伤口）或病害（如白粉病、裂果等）造成的伤口，成为真菌和细菌存活和繁殖的初始场所，并且引诱醋蝇在伤口处产卵。醋蝇身上有细菌存在，在爬行、产卵、孵化、幼虫取食等过程中，同时传播细菌，造成发病，引起腐烂，之后醋蝇数量增长，引起病害的流行。引起酸腐病的真菌是酵母菌。

（1）品种原因　里扎马特、红宝石等果皮薄的品种，在果实近成熟期、雨水较多的情况下，极易发生葡萄裂果。

（2）偏施氮肥　造成枝蔓徒长和通风透光不良，容易发生葡萄裂果。

（3）前期干旱　葡萄转色近成熟期，雨水过多或大水漫灌，造成土壤中的水分过剩，局部水分供养不均衡，造成果实爆裂。

（4）产量过大　留果过多，果实太密，果粒间相互挤压，造成葡萄裂果。

（5）盲目使用膨大剂　如用催红素等，常造成葡萄裂果。

（6）葡萄病虫害防治不当　葡萄白粉病等为害，易造成葡萄裂果。

（7）缺钙　缺钙时，也容易导致葡萄果粒裂果。

品种混合种植，尤其是不同成熟期的品种混合种植，能增加酸腐病的发生。雨水、喷灌和浇灌等，造成空气湿度过大、叶片过密，果穗周围和果穗内的高湿度，会加重酸腐病的发生和为害。

3.防治妙招

（1）发病重的葡萄产区，选栽抗病品种　尽量避免在同一葡萄园内，混合种植不同成熟期的品种。

（2）葡萄园要经常检查，及时清园　发现病粒，及时摘除，集中深埋。合理密植，增加果园的通透性。在葡萄成熟期，不能大水灌溉。

（3）合理使用或不使用激素类药物　尽量不要使用激素类中促进增大、无核类药物。

（4）加强栽培管理　避免果皮伤害和裂果。合理疏粒，避免果穗过紧。科学使用肥料，平衡施肥，尤其避免过量使用氮肥。

（5）**药剂防治**　早期防治白粉病等病害，减少病害伤口，幼果期使用安全性好的农药，避免果皮过紧或果皮受伤等。最好用80%必备（80%波尔多液）和杀虫剂灭蝇胺（杀果蝇）配合使用，是目前酸腐病化学防治的有效方法。

从葡萄封穗期（葡萄坐果、果粒迅速膨大后,葡萄果穗上果粒互相紧挨在一起，已经看不到果穗上的果柄和穗轴，称为封穗期）开始，喷80%波尔多液400倍液，约10天喷1次，连续防治3次。

十七、葡萄房枯病

1.症状及快速鉴别

主要为害穗轴、果梗和果粒（图1-25），有时也为害叶片。

发病初期，在小果梗基部出现不规则的病斑，边缘有不明显的深褐色晕圈，以后逐渐扩大，环切果梗，引起果粒失水萎蔫。后期逐渐干缩，变成紫黑色僵果，并在病果表面产生稀疏的小黑点，即病菌的分生孢子器。

僵果悬于枝上，长久不落，是该病与炭疽病、白腐病的主要区别之一。

叶片感病时，在叶片上产生圆形黑褐色小斑点，中部变成灰白色，病斑上密生小黑点，即病菌的分生孢子器和子囊壳。

2.病原及发病规律

病原为葡萄囊孢壳菌，有性阶段属子囊菌亚门真菌；无性阶段为葡萄房枯大茎点霉，属半知菌亚门真菌。

病菌以分生孢子器和子囊壳在被害部越冬。翌年5～6月，分生孢子器孢子和子囊孢子从壳内进出，借风雨传播到葡萄上，侵入发病。器孢子在23℃下，

图1-25　房枯病为害果实症状

经过4小时，即能萌发，侵入寄主。病菌发育最适温度为35℃，最低9℃，最高40℃。因此，在高温多雨的季节，最适于病菌的繁殖。

3.防治妙招

（1）农业防治

① 病原菌主要在被害果、叶上越冬。因此，秋后应彻底清扫果园，将落叶、落果等收集起来，集中烧毁或深埋。

②发病初期，及时摘掉病果、病叶烧毁，防止继续传染。

③ 及时进行夏季修剪，及时绑蔓、摘心和除副梢，改善通风透光条件，减少发病。

④注意增施磷、钾肥，提高树体抗病性。及时排水，以利防病。

（2）药剂防治　在葡萄落花后的6～8月，结合白腐病、炭疽病等病害，一同进行综合防治。常用1：0.7：200倍的波尔多液，或50%退菌特可湿性粉剂1000倍液，或50%多菌灵可湿性粉剂1000倍液，70%甲基托布津可湿性粉剂1000倍液等，每隔10～15天，喷洒药剂1次，直至采收前20天。重点喷布果穗，病害可得到有效的控制。

> **注意**　喷药时，做到周密、细致喷洒果穗，药剂要交替使用。

十八、葡萄穗轴褐枯病

1.症状及快速鉴别

主要为害葡萄果穗幼嫩的穗轴组织（图1-26）。

发病初期，先在幼穗的分枝穗轴上产生褐色水浸状斑点，迅速扩展后，导致穗轴变褐坏死，果粒失水萎蔫或脱落。有时病部表面生出黑色霉状物，即病菌分生孢子梗和分生孢子。一般很少向主穗轴扩展。

发病后期，干枯的小穗轴易在分支处被风折断，脱落。幼小的果粒染病，仅在表皮上产生直径2毫米的圆形、深褐色的小斑，随着果粒的不断膨大，病斑表面呈疮痂状。果粒长到中等大小时，病痂脱落，果穗也萎缩干枯，与房枯病症状不同。

图1-26　葡萄穗轴褐枯病为害症状

2.病原及发病规律

为葡萄生链格孢霉，属半知菌亚门真菌。分生孢子梗数根，丛生，不分支，褐色至暗褐色，端部颜色较淡。

病菌以分生孢子在枝蔓的表皮、幼芽鳞片内和土壤中越冬。翌年春季，幼芽萌动至开花期，分生孢子侵入，形成病斑后，病部又产生出分生孢子，借风雨迅速传播，进行再侵染。人工接种，病害潜育期仅2～4天。侵染幼嫩穗轴及幼果，发病期集中在花期前后，果粒长到黄豆粒大时，停止侵染。

病菌是一种兼性寄生菌，能否进行侵染，决定于寄主组织的幼嫩程度和抗病力。如果早春花期前后，低温、多阴雨的天气，幼嫩组织（穗轴）持续时间长，木质化缓慢，植株瘦弱，病菌扩展蔓延快，有利于发病。随着穗轴老化，病情渐趋稳定。

老龄树一般较幼龄树易发病。肥料不足或氮、磷配比失调，病情加重。地势低洼、排水不良、管理不善、通风透光差、果园郁闭、树势较弱时，发病重。品种间抗病性存在差异，高抗病的葡萄品种，几乎不发病，主要有龙眼、玫瑰露、康拜尔、早生、里扎马特、新玫瑰、丰寿、红莲子、玫瑰香等，其次是北醇、白香蕉、黑罕等。感病品种主要有红香蕉、红香水、黑奥林、红富士，巨峰最容易感病。

3.防治妙招

（1）选用抗病品种　发病严重的地区，选用高抗病的葡萄优良品种。

（2）结合修剪，搞好清园工作　清除果园中的病枝、病叶等越冬菌源，集中烧毁或深埋。修剪后，及时在伤口处涂愈合剂或涂擦愈伤防腐膜，能够保护伤口，促进愈合组织快速生长，防止腐烂病菌侵染，防止土壤、雨水污染，防冻，防伤口干裂。

（3）加强栽培管理　控制氮肥用量，增施磷、钾肥。同时，改善果园通风透光条件。排涝降湿，可降低发病。

（4）药剂防治　葡萄幼芽萌动前，冬剪后防寒时，或翌年早春发芽前，喷3～5波美度的石硫合剂，或45%晶体石硫合剂30倍液，喷1～2次，保护鳞芽。或喷护树将军（护树将军是应用紫外线杀菌消毒技术研制成功的复方制剂，涂树体后可迅速形成一种保护膜，窒息性杀菌，适用于保护各种树体）乳液1000倍液，加3～5波美度的石硫合剂，保护幼芽，效果更好。

葡萄开花前后，各喷1次75%百菌清可湿性粉剂600～800倍液，或70%代森锰锌可湿性粉剂400～600倍液，或50%多菌灵可湿性粉剂800～1000倍液，或70%甲基托布津可湿性粉剂1000倍液，或40%克菌丹可湿性粉剂500倍液，或50%扑海因可湿性粉剂1000～1500倍液，或50%农利灵（乙烯菌核利）可湿性粉剂1000倍液，或80%戊唑醇6000倍液，或20%苯醚甲环唑3000倍液或40%百可得（双胍三辛烷基苯磺酸盐）可湿性粉剂3000倍液，或65%克得灵（甲硫•乙霉威）可湿性粉剂1000～1500倍液，或50%乙霉威＋多菌灵可湿性粉剂600～800倍液等，消灭越冬病原。以后大约每隔10天，喷1次少量式200倍波尔多液，即可得到有效控制，并可兼治葡萄黑痘病和白腐病等真菌性病害。

在开始发病时，或花后4～5天，喷洒比久500倍液，可加强穗轴木质化，减少落果。

十九、葡萄黑痘病

也叫萎缩病，俗名"鸟眼斑""黑斑"，是葡萄的重要病害之一。

1.症状及快速鉴别

叶片受害，发病初期，发生针头大小的褐色小点，后发展成黄褐色直径1～4毫米的圆形病斑,中部变成灰色。最后病部组织干枯硬化,脱落,形成穿孔。幼叶受害后,多发生扭曲,皱缩为畸形。

葡萄绿果幼果感病初期,产生褐色圆斑,中部灰白色,略凹陷,边缘红褐色或紫色,似"鸟眼"状,多个小病斑联合成大斑。后期病斑硬化或龟裂。病果味酸,无食用价值。果实在着色后,不易受到侵染为害(图1-27)。

新梢、叶柄、果柄、卷须等感病后,最初产生圆形褐色小点,以后变成灰黑色,中部凹陷,呈干裂的溃疡斑。发病严重时,最后干枯死亡(图1-27)。

图1-27　葡萄黑痘病为害果实及新梢症状

2.病原及发病规律

病原为葡萄痂囊腔菌,属子囊菌亚门真菌。

病菌以菌丝在葡萄园内残留的病枝蔓及病果等病组织中越冬,以在结果母枝及卷须上的病斑越冬为主。病菌发育温度10～40℃,最适温度为30℃。翌年遇到适宜的温、湿度环境条件时,产生大量的分生孢子,借风雨传播,引起发病。孢子侵入后,潜育期为6～12天。最初受害的是新梢及幼叶,以后侵染果粒、卷须等。

葡萄展叶后不久,黑痘病即开始发生。北方葡萄产区,从5月中下旬开始,整个生长期陆续发病,以6月中下旬～7月上旬为发病盛期。9～10月很少染病。10月以后,病害停止发展。从葡萄生育期上看,病害发生在现蕾开花期。

黑痘病的发生和流行,与降雨量、空气湿度有密切关系。5～6月降雨多,当年发病早且严重。在多雨高温季节,发病重,干旱年份发病较轻。葡萄的抗病性随着组织成熟度的增加而增加，在生长初期，当葡萄果穗、枝蔓及叶片柔嫩时，发展迅速，嫩叶、幼果、嫩梢等最易感病。随着枝条成熟，叶片老化，果实着色，其抗病能力逐渐增强，停止生长的叶片及着色的果实抗病力增强，感病率下降。偏施氮肥、新梢生长不充实、秋芽发育旺盛的植株及果园土质黏重、地下水位高、湿度大、通风透光差，均发病较重。葡萄品种之间对黑痘病的抗性也有差异，抗病性较差的品种有龙眼、无核白、大粒白、无籽露、无核黑、牛奶、保尔加尔、火焰无核、季米亚特、卡它库尔干等。抗病性中等的品种有葡萄园皇后、玫瑰香、新玫瑰、里斯林格、白羽、马福鲁特等。抗病性较强的品种有莎芭珍珠、玫瑰香、纽约玫瑰、早生高墨、巨峰、黑奥林、先锋、红富士、康可、白香蕉、康拜尔、法国蓝、佳利酿、沙别拉维、巴米特、紫北塞、黑皮诺、贵人香、黑虎香等。

3.防治妙招

（1）农业防治 在气温高、降雨多，黑痘病发生严重的地区，新建的葡萄园，选择抗病性强的优良品种。

葡萄黑痘病远距离传播主要是通过苗木。对新建葡萄园和苗圃所用的苗木、插条等，必须进行严格的检查，对有带菌嫌疑的苗木和插条，必须进行全面的消毒，常用的消毒液有3～5波美度的石硫合剂，或5%～10%的硫酸铜，或10%的硫酸亚铁＋1%的硫酸溶液，将苗木或插条在消毒液中浸泡处理2～3分钟。

增施有机肥和磷、钾肥，促使葡萄枝蔓生长健壮，增加抗病能力。

认真进行葡萄夏季修剪，改善通风透光条件。

搞好果园卫生，清除病叶、病果及病蔓等，细心地剪除被侵害的枝叶和果粒，清理地面。

（2）药剂防治

①发芽前喷3～5波美度的石硫合剂，杀死枝蔓上的越冬病菌孢子。

②在葡萄生长期，从展叶开始，至果实1/3成熟为止，每隔15～20天，喷药1次。开始发病时，花前可喷1～2次200倍石灰少量

式波尔多液。落花80%及果粒如豆粒大时，需连续再喷2次波尔多液，也可喷洒0.03%的硫酸铜＋0.02%硫酸锌混合液（加展着剂），或75%百菌清可湿性粉剂600～750倍液，或50%退菌特可湿性粉剂800～1000倍液，或50%多菌灵可湿性粉剂1000倍液，或70%代森锰锌可湿性粉剂500倍液。

发病严重时，用40%杜邦福星乳油7500～10000倍液，或40%腈菌唑悬浮剂4000倍液，或12.5%速保利（烯唑醇）可湿粉剂4000倍液，或5%霉能灵（亚胺唑）可湿性粉剂800～1000倍液等高效杀菌剂，交替使用2～3次，防治效果显著。每隔10～15天，喷1次，根据病情程度，决定喷药次数，并注意药剂更换，交替使用。

（3）套袋　选用葡萄专用袋，在套袋前，喷1次70%的甲基托布津可湿性粉剂800～1000倍液，或80%的代森锰锌可湿性粉剂1000倍液。葡萄果粒无水珠后，立即进行套袋。

二十、葡萄立枯病

葡萄幼苗常发生立枯病和猝倒病，我国各地苗圃中均有发生，主要为害幼苗，在短期内引起苗木大量死亡。苗木得病后，倒而枯死者，称为猝倒病；死而不倒者，称为立枯病。

立枯病俗称"死苗"，寄主范围广，除为害葡萄等常见果树外，也能为害多种蔬菜。已知有160多种植物可被侵染为害。

1.症状及快速鉴别

幼苗出土2个月以后，茎基已木质化，幼根受侵染腐烂，苗木直立枯死。

主要为害幼苗茎基部或地下根部，初为椭圆形或不规则暗褐色病斑，病苗早期白天萎蔫，夜间恢复，病部逐渐凹陷、缢缩，有的逐渐变为黑褐色。当病斑扩大，绕茎1周时，最后干枯死亡，但不倒伏。轻病株仅见褐色凹陷病斑，但不枯死。苗床湿度大时，病部可见不是特别明显的淡褐色蛛丝状霉（图1-28）。

从立枯病不产生絮状白霉，不倒伏，且病程进展慢，可区别于猝倒病。

图1-28 葡萄立枯病为害叶片症状

2.病原及发病规律

为立枯丝核菌，属半知菌亚门真菌。

以菌丝体和菌核在土壤中越冬，可在土中腐生2～3年。通过雨水、喷淋、带菌的有机肥及农具等，进行传播。病菌发育适温20～24℃，刚出土的幼苗及大苗均能受害，一般多在育苗的中后期发生。

苗期苗床温度高，土壤水分多，施用未充分腐熟的有机肥料，播种过密，间苗不及时，苗木徒长等，均易诱发立枯病。

3.防治妙招

根据幼苗立枯病的发生规律，应采取以育苗技术为主的综合防治措施。

（1）加强管理　科学施肥，必须施入充分腐熟的有机肥，防止病菌通过有机肥传播。保持适宜的温、湿度。及时松土，使苗木根系生长发育良好，增强苗木抗病性。

（2）清园　及时清园，减少病源菌。

（3）苗木消毒　对砧木及接穗，要严格进行消毒，防止病菌的传播。

（4）药剂防治　发病初期，开始施药。可用75%百菌清可湿性粉剂600倍液，或5%井冈霉素水剂1500倍液，或20%甲基立枯磷乳油1200倍液，进行喷雾。施药间隔7～10天，视病情为害程度，连续防治2～3次。

也可用2%硫酸亚铁炒干研碎，与细干土拌匀，撒施100～150千克/667平方米，或用65%敌克松2～4克/平方米，与细黄土拌均匀后，撒于苗木根颈部，再松土1次，使药剂与苗木根部接触，可抑制病害扩展蔓延。

二十一、葡萄猝倒病

该病多发生在阴天多雨、空气湿度大的4～6月，发病的幼苗突然猝倒死亡，影响幼苗成活，甚至全部毁苗。

1.症状及快速鉴别

病害主要发生在幼苗期。未出土或刚出土的幼苗发病，发病部位多在幼茎基部，病菌多从表层土壤侵入幼苗的根茎基部，最初病部呈水渍状斑，逐渐变为淡褐色至褐色，茎基部凹陷缢缩，呈黑褐色，病斑迅速扩大，绕茎基部一周，使染病幼苗自土面倒伏，造成猝倒现象，即所谓的猝倒病。此时，幼叶依然保持绿色。几天后病害蔓延，常引起成片猝倒。最后，病苗腐烂或干枯死亡。从种子萌发至出土前也可发病，导致种芽腐烂。如果苗木组织已木质化，病苗常不倒伏，而表现为立枯症状。当土壤湿度较高时，在病苗及附近土表经常有白色絮状物出现，即病菌的菌丝体。

立枯病和猝倒病，二者均属于苗期根部病害，基本防治方式相同。立枯病一般发生在幼苗的中后期，患病幼苗茎基部产生椭圆形暗褐色病斑，病苗白天萎蔫，夜晚可恢复。从发病时期和发病部位都可以进行判断区分。

2.病原及发病规律

是由腐霉菌、立枯丝核菌、镰刀菌和灰霉菌等多种真菌引起。

病菌在土壤内或病株残体上越冬，腐生性较强，能在土壤中长期存活，称为土壤习居菌，为典型的土壤传染性病害。病菌借灌溉水和雨水传播，也可由带菌的播种土和种子传播。

育苗土壤湿度大、温度不适、播种过密、幼苗瘦弱、生长不良，均有利于猝倒病的发生。连作或重复使用没有消毒的播种土，由于土壤菌量积累较高，发病严重。

3.防治妙招

苗期猝倒病的防治，要从土壤消毒抓起，做到"预防为主，综合防治"。

（1）苗床选择 选择地势高、干燥、排水良好的地块，作葡萄育苗床。施用充分腐熟的有机肥料或选用优质培养土。苗床要控制灌水量，土壤不宜过湿。病害严重的苗圃，避免连作，或进行土壤消毒后，再育苗。强化育苗措施，培育壮苗，增强抗病力，减轻猝倒病的为害。

（2）土壤消毒 由于病菌主要来源于土壤，病原菌能长期在土壤内存活。因此，直接消灭土壤内病原菌，对控制发病十分重要。可利用化学方法对土壤进行处理，苗床土壤可先用药剂消毒，常用50%多菌灵，或5%福美双，或20%土菌狂杀，或40%拌种双等，每平方米用8～10克。施药时，先将药剂称量好，然后用适量的细沙土混合拌匀，在播种前，用部分药土撒在种行内，再进行播种，剩余部分药土用作盖种土。

在碱性土壤中，扦插前施硫酸亚铁粉15千克/667平方米，拌细沙撒在土壤中，既能防病，又能增加土壤中铁元素和改变土壤的pH值，使苗木生长健壮。在酸性土壤中，扦插前施生石灰300～375千克/公顷，可抑制土壤中的病菌，并促进植物残体腐烂。

也可用福尔马林进行消毒。常用40%福尔马林50毫升/平方米，加水8～12千克，喷洒在土壤上，并用草袋覆盖，或用塑料薄膜覆盖苗床。扦插前3～4天，揭去覆盖物。

（3）扦插 扦插繁殖时，插条应该等到枝条剪口表面微干后，再进行扦插，以利于伤口愈合。

（4）加强苗圃管理 合理施肥，细致整地，适时移栽，及时排灌，注意中耕除草，加强田间管理、创造有利于苗木生长、不利于病害发生的环境条件。

① 及时清沟排水 春夏两季，雨水过多、沟渠排水不良、圃地积水、苗床过湿等，均会引起病菌在土壤中蔓延，很容易发生猝倒病，侵害幼苗。因此，对苗床高低不平、地下水位高的苗圃，应做到疏通排水沟系，做到雨住田干，苗田不渍水，以利于苗圃土壤疏松通气。

②及时除草、间苗、清除病苗　苗圃的杂草要及早清除。苗木过密，要结合除草进行间苗，以促进幼苗苗壮成长，提高抗病力。发现病苗，应立即拔除，处理病株，减少感染源，防止相互交叉感染。

③施草木灰　苗床过湿时，可用50～75千克/667平方米过筛的草木灰或火土灰撒施，既作为施肥，又能促使苗根发达，苗茎提早木质化，增强抗病力。

在发病前苗木细嫩期，可用石灰粉20千克与草木灰80千克混合均匀，撒施100～150 千克/667平方米，有很好的防病效果。以后每隔7～10天，用0.5%的波尔多液喷雾1次，也可用1%～2%的硫酸亚铁药液喷雾。

提示　幼苗猝倒病多在雨天发病，喷波尔多液容易流失和产生药害，可用黑白灰（即8：2柴灰与石灰）撒施。

（5）药剂防治　发病初期，喷洒杀菌剂，能有效地控制病害流行。常用70%甲基托布津可湿性粉剂1000倍液，或50%多菌灵可湿性粉剂500倍液，或25%甲霜灵可湿性粉剂800倍液，或40%乙磷铝可湿性粉剂200～400倍液，或75%百菌清可湿性粉剂600倍液，或敌克松1000倍液等，每隔7～10天，用药1次，连续喷药2～3次，可起到灭菌保苗的作用。

注意　喷药时，幼苗嫩茎和重受病株及附近的病土，为喷洒的重点。

也可用甲霜灵500～750倍液，或恶霉灵2000倍液，或甲基硫菌灵600倍液等药剂，进行灌根。

二十二、葡萄蔓割病

也叫蔓枯病，病害发生较为普遍。

1.症状及快速鉴别

多在早春发病，主要为害葡萄枝蔓，有时也为害新梢和果实。

多发生在二年生以上的枝蔓，尤其在近地面处的枝蔓上最易发生。初期病斑红褐色，略凹陷，病斑呈梭形，凹陷部分的组织糜烂，变成暗褐色至黑褐色。后扩大形成黑褐色大斑。在病斑上产生许多黑色小粒点，即病菌子实体的分生孢子器和子囊壳。后期多雨或气候湿润时，从黑粒点的顶部涌出淡黄色、带胶黏质的丝状孢子角。翌年秋季，病枝蔓处的表皮发生纵向撕裂，出现丝状的维管束组织，易折断。严重时，病部以上的枝蔓生长瘦弱，节间缩短，叶片、果穗及果粒变小，果实品质变劣，有时叶片变黄，导致萎蔫。

在一年生枝条上，感病部位表皮粗糙翘起，皮下有隐约可见的丘状突起（即分生孢子器）。病斑沿枝条纵向蔓延，呈梭形，病斑较大时（超过茎粗2/3），造成病枝蔓春季不能发芽，导致死亡。

在多年生枝蔓上，发病枝蔓虽能发出新梢，但节间短，叶色黄，叶片、果穗、果粒变小。果粒长到豆粒大时，会因营养物质的运输受阻而突然萎蔫。主蔓发病严重的，越冬后，将沿病斑纵向干裂，呈现出较大的裂口，使病部以上整个枝蔓抽不出新梢，生长衰弱或枯死（图1-29，图1-30）。

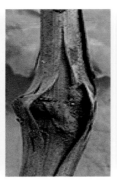

图1-29　为害枝蔓被割症状　　　　图1-30　新梢枯死

新梢染病，叶色变黄，叶缘卷曲，新梢枯萎，叶脉、叶柄及卷须，常生黑色条斑。

2.病原及发病规律

为葡萄生小陷孢壳，属子囊菌亚门真菌。分生孢子器黑褐色，烧瓶状，埋生在子座中。

病菌主要以分生孢子和菌丝体在病枝蔓上越冬，也可在土壤中越冬。翌年5～6月间，释放分生孢子，通过雨水传播。在有水滴或雨露条件下，分生孢子经过4～8小时即可萌发，由伤口或气孔侵入，引起发病。病菌有潜伏侵染特性，潜育期约30天，后经1～2年，才出现病症。因此，本病一经发生，常连续为害2～3年。

主蔓基部易于发病，在幼嫩萌蘖枝上，发病率最高。在多雨湿润的条件下，沿枝蔓维管束蔓延，有利于发病。植株的发病情况，因品种不同而不同，如法国兰发病率和死亡率均很高，其次为佳丽酿，再次为龙眼、玫瑰香等。通常多雨或湿度大的地区，地势低洼、排水不良、泥土黏重贫瘠、肥水不足的果园，以及管理粗放、植株衰弱、虫伤、冻伤严重，或患有根部病害的葡萄园，发病比较严重。

3.防治妙招

（1）加强果园管理　葡萄树的生长势对葡萄蔓割病的抗病性关系很大。肥、水供给充分、合理，田间管理精密、科学，挂果负载量适宜，能够维持植株旺盛的生命力，提高树体抗病能力和增强染病树体的愈合能力。改良土壤，秋施基肥，增施磷、钾肥，及时灌水和排水，合理修剪，保证植株健壮生长。

（2）做好埋土防寒工作　保护树体，注意防冻。防止枝蔓扭伤和减少伤口，减少病菌的侵染途径。

（3）及时剪除和刮治病蔓　在发病时期，要勤检查，早期发现病蔓，轻者用刀刮除病斑，重者剪掉或锯除，集中烧毁，消灭病源。

发现老蔓上的较粗病蔓的病斑，可进行刮治，用锋利的小刀将病斑刮除干净，直刮至见到无病的健康组织为止，并将刮下的病部组织深埋或烧毁，避免病菌的再次传播。刮后在伤口上涂10～20倍的斯米康，或5波美度的石硫合剂，或45%晶体石硫合剂30倍液，或50%多菌灵可湿性乳剂，或S-921抗生素30倍液等，进行消毒，保护伤口不再受到侵染。

（4）药剂防治　葡萄出土后发芽前，可结合防治葡萄其他病害，喷布3～5波美度的石硫合剂，或800～1000倍的斯米康，也可用50%多菌灵800倍液。在休眠期喷布枝蔓，同时可兼治其他病害。喷时主要喷地面及枝蔓，防止病害蔓延。

在5～7月，喷布1∶0.7∶200倍波尔多液2～3次，或50%退菌特500倍液，或77%可杀得可湿性微粒粉剂500倍液，或50%琥胶肥酸铜（DT杀菌剂）可湿性粉剂500倍液，或14%络氨铜水剂350倍液等，保护枝蔓及蔓基部，防止病菌的侵入。

二十三、葡萄茎痘病

1.症状及快速鉴别

砧木和接穗愈合处，茎膨大，接穗常比砧木粗，皮粗糙或增厚，剥开皮，可见皮反面有纵向的钉状物或突起纹，在对应的木质部表面，出现凹陷的孔或槽（图1-31）。

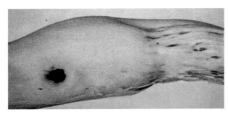

图1-31　葡萄茎痘病为害症状

葡萄染病后，长势差，病株矮，春季萌动常推迟1个多月。表现严重衰退，产量锐减，不能结实或死亡。

2.病原及发病规律

为葡萄A病毒（简称GVA）和葡萄B病毒（简称GVB）侵染引起。

通过嫁接，可以传染病害，主要通过带病插条、接穗或砧木进行传播。

3.防治妙招

（1）建立无病母本园　繁殖无病母本树，生产无病无性繁殖材料。

（2）脱除病毒　对生产上有价值的品种，如果已经无法选出健株，应进行脱毒。方法是将苗木置于35～37℃条件下，每天光照15小时，光照强度2500勒克斯，共处理150天。脱毒时间如能延长1倍，效果更佳。

（3）处理病株　已染病的葡萄园，发现病株，及时拔除。在拔除病株时，应将所有根系清除，并用草甘膦等除草剂处理，防止产生根蘖。

二十四、葡萄栓皮病

在世界各地葡萄产区分布较广，是由一种潜隐性病毒侵染而引起的病害。在大多数欧洲葡萄品种和美洲种砧木上表现潜隐，嫁接在山葡萄、贝达葡萄砧木上症状明显。近年来，我国一些葡萄园也发现此病为害，导致葡萄果枝干枯死亡。

1.症状及快速鉴别

（1）症状　多数品种病株只表现生长衰退，而没有栓皮病的特有症状。只有几个品种的症状较为典型，如帕洛米诺、小西拉-西拉-仙粉黛、梦杜斯、品丽珠和佳美。

主要表现为植株矮小，生长衰弱，春季萌芽晚。在生长早期，每个蔓上会出现1个或多个死果枝，枝蔓柔软下垂，基部的树皮开裂。生长季后期，枝蔓呈淡蓝紫色，而在已木质化的枝蔓上，可散生未木质化的绿色斑块。早春叶片病叶小，呈淡白色。部分品种叶片的变化有时和卷叶病相似，出现卷叶、黄化、叶肉变红等。生长季后期，叶缘下卷，红色品种叶片的叶肉和叶脉全变红色，比健株或卷叶病株晚落叶3～4周。在佳利酿的病株，只表现叶片褪色，即早春呈淡黄色，夏季仍不消失。小西拉-西拉-仙粉黛生病后，有时出现类似的黄叶症状。定植数年后，植株逐渐枯死（图1-32）。

带病毒的嫁接苗，最初几年生长结果正常，但随着树龄的增加，接穗膨大，嫁接口上部枝梢肿大，接穗和砧木的生长不协调，常常出现粗细不均的现象。表皮粗糙而纵裂，嫁接苗木接口上下木质部出现不规则的沟槽和凹陷病状。与树皮形成层表面的狭长的隆起部分相对应。树势逐年衰弱，生长停滞，果穗小，果粒着生较少。几年之后，接穗部死亡。

图1-32　葡萄栓皮病为害症状

（2）鉴定和检验方法

① 观察田间症状　仅能作出初步诊断，因为不同品种的症状反应不尽相同，症状反应典型的品种不多，不典型的品种占多数。

② 指示植物检验　常用的品种有LN33、晶丽珠。嫁接方法不同，潜育期长短也不同。如果采用嵌芽接接到LN33上，潜育期为3～15个月；采用绿枝嫁接，仅为1个月。LN33很易感病，症状严重而典型，容易识别，主要反应为病株矮化，叶小，向背卷，变红；蔓基部肿大，皮纵裂，裂口木栓化，导致皮粗而老化，蔓软而下垂，呈"S"形，常在嫁接后第一或第二个冬季枯死；次年基部的芽，如果能萌发出新梢，则症状明显变轻。

2.病原及发病规律

为黄化病毒组织的葡萄病毒A（GVA），是一种潜隐性病毒。

病害主要通过带病毒的繁殖材料自然传播。粉蚧可传播葡萄栓皮病。

3.防治妙招

（1）培育无毒苗　选用无病毒母株进行无性繁殖，可收到很好的防治效果。

（2）脱毒处理　对于较优良的葡萄品种，从田间已无法选出无病毒母株时，放在温度38℃、适合光照下处理98天，或更长时间，再取茎尖进行组织培养，经检测无毒，扩大繁殖后，再用于生产栽培。

二十五、葡萄白纹羽病

也叫葡萄白根腐病，分布全国各地，也是世界各地温带地区所发生的重要根部病害，常引起大量葡萄植株死亡。寄主主要有葡萄、苹果、梨、桃、樱桃、柿子、柑橘等，还有其他木本树木、蔬菜和禾本科作物，共34科60余种植物。

1.症状及快速鉴别

先为害较细小的根，逐渐向侧根和主根上发展。病根表面覆盖一层白色至灰白色的菌丝层，在白色菌丝层中，夹杂有线条状的菌索。被害根部皮层组织逐渐变褐。腐烂后，外部的栓皮层鞘状，套于木质部外面。到发病后期，在病部长出圆形、大小如油菜籽状的黑色菌核。根部受害严重时，根际表层土壤也可见灰白色菌丝层，有时可形成黑色小粒点，即病菌的子囊壳（图1-33）。

图1-33　葡萄白纹羽病

受害严重的植株，地上部生长衰弱，最后导致全株死亡。感病植株，可能很快枯死，也可能在一年内慢慢枯死。迅速枯死的葡萄植株，叶片仍附着在枝蔓上；逐渐枯死的葡萄植株，卷须和叶片均生长衰弱、瘦小，通常是枯萎，但新梢能从基部抽出。病株很容易从土内拔出。通常病株在地平线处折断，地平线以下的树皮变黑，容易脱落，在根尖部出现黑色的胶状溢出物。

2.病原及发病规律

为褐座坚壳菌，属子囊菌亚门真菌。

病菌的营养菌丝有隔膜，无色，许多条平行排列的菌丝可连结成菌索。无性世代形成分生孢子，分生孢子梗基部集结较紧密，呈束状，上部较松散，有分支，无色，有隔膜。分生孢子卵圆形，单胞，无色。有性世代形成子囊壳，不常见。子囊壳球形，黑色，着生于菌丝膜上，顶端有乳头状突起，子囊壳内有多个子囊，子囊长圆筒形，无色，基部有长柄，子囊间有侧丝，子囊内有8个子囊孢子，排列成1列。子囊孢子纺锤形，单胞，暗褐色。菌核呈黑色，近圆形，直径约1毫米，大的菌核直径可达5毫米。

病菌在土壤中可以长期腐生存活，而且寄主范围又比较广泛，并能形成厚壁孢子，对土壤中的恶劣环境抗性较强。因此，它们不但可以潜伏在病根组织内，也能在腐朽的烂根中越冬。甚至在土壤中，也能存活多年。因此，作为病菌初侵染的菌源，可从多方面获得。

病菌为弱寄生菌，必须从伤口入侵，所以生长衰弱、虫伤、机械伤、冻伤以及其他损伤多的根系，易受侵染，发病较多，病害发展速度较快。根部发病，削弱了整个植株的生长势，长势衰弱的植株，又进一步降低了根系对病菌的抗性，这两者相互促进，加速了根病的发展和植株快速死亡。

病菌主要通过雨水、灌溉流水以及土壤耕作等农事活动进行传播。病害的发生、发展速度与果园管理水平有密切的关系。土壤耕作粗放、干旱、缺肥、土壤盐碱化、土壤板结、通气性不良、结果过多、果园杂草丛生等导致根系生长衰弱的各种不良因素，都是诱发葡萄根部病害发生的重要因素。湿润和有机质多的土壤，有利于病害的发生。在黏土上栽培，病害发生严重。

3.防治妙招

（1）加强果园管理

① 增施有机肥　每年冬前要施足充分腐熟的有机肥，促使根系发育良好，提高根系的抗病力。

② 加强果园的排灌工作　干旱时及时灌水；雨后及时排水，防止果园积水、根系受淹。

③ 做好土壤管理　细致进行土壤耕作，加深熟土层，保持土壤通气性良好，创造有利于根系生长而不利于病菌生长发育的条件。及时防治地下害虫，冬季搞好葡萄枝蔓的防寒保护，尽可能减少根部伤口的产生。

（2）治疗病株　病树应早发现、早治疗。发现可疑病株及时检查，及早剪除病根。根颈处的病斑可用刀刮除，刮、剪后的伤口，可用1%硫酸铜溶液涂抹保护。剪、刮下的病组织，要集中烧毁或深埋。

（3）土壤消毒　为防止病害继续扩展蔓延，对发病的植株可采用药剂灌根，杀死土壤中的病菌，使植株恢复健康。可用氯化苦药液对土壤进行消毒，常用10～13千克/667平方米。处理前，应将土壤内大小树根清除。处理时，要求土壤温度在20℃以上，夏季和秋季处理较合适。土壤中注入氯化苦后，表面要盖土。此外，常用的土壤消毒药剂还有70%甲基托布津800～1000倍液，或50%苯来特1000倍液，或50%退菌特250～300倍液，或1%的硫酸铜溶液，或密度1.006千克/升的石硫合剂，以上药剂用量为每株葡萄浇灌约l0千克。也可用70%五氯硝基苯，作成1：（50～100）的药土，也可使病株症状消失，生长显著转旺。

葡萄栽植前，灌注药液，或给病树治疗，均有良好的疗效。病树治疗前，应掘开土层，将病根晾出，切除病部，再用药剂喷雾，然后覆土，与药液混合。

（4）铲除病株　对于无法治疗，或即将垂危死亡的重病株及已枯死的病株，应及时挖除，以防传染。挖除病死株后，尽可能将病残根收拾干净，根系周围的土壤也应搬移出园外。对病穴进行消毒，然后再选择无病健康的植株，进行补栽。

（5）利用抗病砧木，选择抗病强的品种　这是有效防治的重要手段。据报道，甜冬葡萄和欧洲葡萄中的有些复合杂交种，有较强的抗葡萄白纹羽病能力。

二十六、葡萄根朽病

1.症状及快速鉴别

主要为害植株的根颈部、主根和侧根。

病菌侵染皮层组织后，分泌果胶酶，分解皮层组织细胞间的果胶质，使皮层组织崩解、腐烂。以后病菌逐渐扩展至木质部，也可以引起木质部腐烂。葡萄根朽病最主要的特点是在被害根的皮层内及皮层与木质部之间，长出一层白色至淡黄色、呈扇形扩展的菌丝层，菌丝层在黑暗处能显出蓝绿色的荧光（图1-34）。

在高温多雨的季节，病树根颈周围的土面上，常常长出成丛的、蜜黄色的蘑菇，为葡萄根朽病病菌的子实体。

2.病原及发病规律

为蜜环菌，属担子菌亚门真菌。

病菌子实体呈伞状，菌盖圆形，中央稍突起，浅蜜黄色，表面

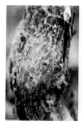

图1-34　葡萄根朽病为害症状

有淡褐色毛状小鳞片。菌褶初为白色，以后变成红褐色，直生或略斜生。菌柄实心，位于菌盖中央，黄褐色，菌柄上半部有一薄膜状菌环。担孢子卵圆形，无色。小蘑菇可连接在根状菌索上，多从病株树干基部、根系及土中的菌索上生长出来。病原菌生长温度为15～30℃，最适温度为25～30℃。病原菌只存在于土壤里的木质材料中。

病菌主要通过雨水、灌溉水及土壤耕作等农事活动进行传播。病害的发生、发展速度，与果园的管理水平有密切的关系。管理水平高，植株生长旺盛，抗病力强。病根的机械损伤多，发病重。

3.防治妙招

（1）加强果园管理　增施有机肥料，每年秋季落叶前，要施足充分腐熟的有机肥，促使根系发育良好，提高根系的抗病力。加强果园的排灌工作，干旱时及时灌水，也要防止果园积水，根系受淹。做好土壤管理工作，细致地进行土壤耕作，加深熟土层，保持土壤通气性良好，创造有利于根系生长而不利于病菌生长发育的良好条件。防治地下害虫，冬季搞好葡萄枝蔓的防寒保护，尽可能减少根部产生伤口。

（2）治疗病株　发现可疑病株，应及时检查，及时剪除病根，根颈处的病斑，用刀刮除。刮、剪后的伤口，用1%的硫酸铜溶液，进行涂抹保护。刮、剪下来的病组织，要带出葡萄园，集中烧毁或深埋。

（3）及时采集病菌子实体　可减少病害的侵染源，子实体还可食用。

（4）土壤消毒　为防止病害继续蔓延扩展，对发病的植株，可以进行药剂灌根，杀死土壤中的病菌，使植株恢复健康。常用的土壤消毒剂有70%甲基托布津800倍液，或50%苯来特1000倍液，或50%退菌特250～300倍液，或1%的硫酸铜溶液，或3波美度的石硫合剂等，以上药剂用量为每株葡萄浇灌约10千克。或70%五氯硝基苯制成1:（50～100）的药土撒在发病植株根部，可使病株症状完全消失，生长显著转旺。

二十七、葡萄根癌病

1.症状及快速鉴别

多发生在表土层以下，主要为害根颈处、主根、侧根及二年生以上近地面部分的主蔓。

发病部位形成愈伤组织状的癌瘤。初发时，稍带绿色和乳白色，质地柔软，随着瘤体的长大，逐渐变为深褐色，质地变硬，表面粗糙。瘤的大小不一，有的数十个簇生成大瘤。老熟病瘤表面龟裂，在阴雨潮湿的天气，易腐烂脱落，并有腥臭味（图1-35）。

受害植株由于皮层及输导组织被破坏，树势衰弱，植株生长不良，叶片小而黄，果穗小而散，果粒不整齐，成熟期也不一致。病株抽枝少，长势弱。严重时，植株干枯死亡。

图1-35　葡萄根癌病

2.病原及发病规律

病原为癌肿野杆菌，属细菌。病菌还可以侵染苹果、桃、樱桃等多种果树。

病菌随着植株病残体在土壤中越冬。条件适宜时，通过剪口、机械伤口、虫伤、雹伤以及冻伤等各种伤口侵入植株，雨水和灌溉水是该病的主要传播媒介，苗木带菌是根癌病远距离传播的主要方式。细菌侵入后，刺激周围细胞加速分裂，形成肿瘤。病菌的潜育期，从几周至一年以上。一般5月下旬开始发病，6月下旬～8月为发病高峰期，9月以后，很少形成新瘤。

温度适宜，降雨多，湿度大，癌瘤的发生量也大。土质黏重，地下水位高，排水不良及碱性土壤，发病重。起苗定植时伤根、田间作业伤根，以及冻害等，都能帮助病菌侵入为害，尤其冻害，常常是葡萄感染根癌病的重要诱因。

3.防治妙招

（1）严格检疫和苗木消毒　建园时，禁止从病区引进苗木和插穗。如果苗木中发现病株，应彻底剔除，带出园外，集中烧毁。

（2）土壤消毒　在田间发现病株时，先将根部周围的土扒开，切除癌瘤，然后涂高浓度的石硫合剂或波尔多液，保护伤口，并用1%硫酸铜液消毒土壤。对重病株要及时挖除，对周围土壤进行彻底的消毒。

（3）加强栽培管理　多施充分腐熟的有机肥，适当施用酸性肥料，使其不利于病菌的生长。农事操作时，尽量防止伤根。合理安排病区与无病区的排灌水流方向，减少人为传播。

二十八、葡萄根结线虫病

葡萄根结线虫病通常引起植株由旺盛转到衰退，容易出现逆境反应，但很少使植株致死。新建或更新栽植的葡萄园，由于根结线虫的损害，幼株不能正常生长，有些虽然勉强生长，但不能充分长大，达不到架面，不能正常进行整形修剪。

1.症状及快速鉴别

（1）根部　根结线虫为害葡萄植株后，引起吸收根和次生根膨大

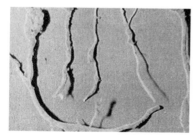
图1-36　葡萄根结线虫病

和形成根结。单条线虫可以引起很小的瘤，多条线虫的侵染，可以使根结变大。严重侵染，根系生长不良，发育受阻，侧根、须根短小，输导组织受到破坏，吸水吸肥能力降低，可使所有吸收根死亡。线虫还能侵染地下主根的组织（图1-36）。

（2）叶片　叶片黄化细小，新梢

倒数5～7叶以下叶片，极易脱落，茎干光秃。

（3）花　开花延迟，花穗短，花蕾少，甚至无花蕾。

（4）果实　果实较正常果粒小。

根结线虫侵染葡萄植株根系后，地上部的茎叶均不表现出诊断特征的症状，但葡萄植株生长衰弱，表现矮小、叶片黄化、萎蔫，产量降低，果实着色不良，抗逆性差等。地下部表现为幼嫩的吸收根或次生根上，形成许多大小不等的瘤状体，将瘤状体剖开后，可见内部有黄色或褐色的物质。

根结线虫在土壤中呈斑块形分布。在有线虫存在的地块，植株生长弱，没有线虫或线虫数量极少的地块，葡萄植株生长旺盛。因此，葡萄植株的生长势，在田间也表现块状分布，这种分布易被误认为是由于环境条件等其他因素造成的，如缺水、缺肥、盐过多以及其他病原等，其实这正是根结线虫为害的地上部的整体表现。从病根及其周围土壤中，常可分离到数量较多的根结线虫成虫和幼虫。将这些线虫回接到寄主葡萄根部，植株表现出与田间相似的症状。

2.病原及发病规律

病原为线虫。

线虫以雌虫、卵和2龄幼虫在病株根残体中越冬。春季温度回升时，以2龄幼虫侵染新生侧根、须根，形成新的瘤状根结。传播的主要途径是通过病苗、流水、病土、病株残根、人畜作业带病原等。4月上中旬～5月中旬为盛发期。

以流水方向来看，上块田有病，下块田必然发病。土质疏松田块、沙土田块发病重，黏土田块发病较轻。

3.防治妙招

线虫的生活场所主要在土壤中，应采用农业措施和药物处理相结合的方法，进行综合防治。

（1）检疫　根结线虫一旦进入某处土壤，将是永久性的，但这种线虫也不是到处都有，尚未发现线虫的地区或葡萄园，应尽量采取防范措施，控制线虫的传入和蔓延。检查果园是否有线虫，采取严格措施，将线虫排除干净，清除出土壤之外。

线虫通常随着带根的苗木传入新区，所以种植时，应采用无线虫的带根苗木，最好是经过检疫的苗木。

（2）农业防治

① 选择砧木抗性与抗病品种　利用抗根结线虫的砧木，有的砧木几乎是免疫的。具有抗性的砧木有SO4、420A、光荣河岸葡萄、抗砧3号等。可选用抗性砧木进行嫁接栽培。

② 病园中禁止育苗，新植园应种植无病苗　尽量不在老葡萄园地上重新建园。购买苗木时，要严格检查，不使用带虫害的苗木。

③ 加强管理　在高温季节，可将病区的土层浅翻10～15厘米，暴露在阳光下，杀死土壤表层部分线虫和卵。多施有机肥，促进根系生长和营养吸收，增强树势，尽量延长结果年限。秋季寒露前后，在葡萄田块行间种植葱、蒜、茼蒿等，发病程度可明显减轻。

④ 病株处理　发现带病葡萄植株后，应及时拔除病株，集中烧毁。将病株根系及其分布区土壤移出葡萄园，进行深埋，并向外延伸挖出宽20厘米、深10～15厘米的一圈隔离带。病株坑用石灰进行消毒。对生产上已衰退或者不能用药剂处理的葡萄园，应考虑重新栽植。用剪刀从树冠以下剪开，将植株移走，不要将根系残留在土内，清园后至少休闲1年，一般需经1～4年无寄主的时期，才能再进行栽植。

（3）药剂防治

① 开沟熏蒸　葡萄园如果有线虫，要用药剂处理土壤。常用二溴氯丙烷1400千克/公顷或溴甲烷315～390千克/公顷。进行开沟熏蒸，沟深0.8～1.5米，宽1米，沟间距1米，施入土深0.5～1米，并用聚乙烯薄膜覆盖。这种方法经济有效。

② 灌根　用25%杀线磷7.5～11.25千克/公顷，或40%甲基异柳磷7.5千克/公顷，兑水300千克，然后灌根。

③ 撒施　用50%力满库颗粒剂22.5～30千克/公顷，加土1500～2250千克，均匀撒施，并翻入地下。

第二章
葡萄非传染性病害快速鉴别与防治

一、葡萄缺氮症

是一种较为常见的葡萄病症，多发生在春、夏季。一般正常施肥的果园不易发生。

1.症状及快速鉴别

氮素不足，表现为叶片变黄。枝叶生长速度显著减退，新梢延长受阻，结果量减少。叶绿素合成降低，类胡萝卜素过早出现，叶片呈现不同程度的黄色。由于氮可从老叶转移到幼叶，所以，缺氮症状首先表现在老叶上。

缺氮早期，新梢基部、下部成熟老叶褪色，逐渐变黄，新叶变小，新梢长势弱，呈红褐色。并向顶端发展，使新梢顶部嫩叶也变成黄色。缺氮严重时，全树叶片不同程度均匀褪色，多数呈淡绿至黄色、老叶橙红色或紫色，叶柄与枝条成锐角，易提前落叶。枝条老化，花芽形成减少，且不充实。果实少、果粒小，产量低，果肉中石细胞增多，但果实着色较好，提早成熟（图2-1）。

图2-1　缺氮整株叶片褪色；老叶灰绿或黄色，后期橙红或紫色

氮素过剩，营养生长和生殖生长失调，树体营养生长过旺，新梢旺盛生长，叶呈暗绿色，树体内纤维素、木质素形成减少，幼树易遭受冻害，不利于安全越冬。果实膨大及着色减缓，成熟期推迟。细胞质丰富而壁薄，易发生多种病害。氮素过量，还可能导致铜与锌的缺乏。

2.病因及发病规律

葡萄园土质为沙质土，当年降雨量多，氮素容易挥发、渗漏及流失。有机质含量少，熟化程度低，淋溶强烈的土壤，含氮量较低。土壤结构较差，多雨季节，内部积水，根系吸收能力差，易出现缺氮症。土壤瘠薄，管理粗放，缺肥和杂草多的葡萄园，易发生缺氮症。

葡萄萌芽、开花、抽梢、结果等均需要大量的氮素营养，如果上一年贮藏营养不足，生长季节施肥数量少或不及时，容易在新梢及果实旺盛生长期缺氮。如果大量使用尚未充分腐熟的有机肥，常因微生物活动竞争氮元素，也会出现缺氮现象。在沙质土上的幼树迅速生长时，雨季遇连日大雨，几天之内即可表现出缺氮症。

3.防治妙招

（1）土壤施肥　结合秋施基肥（土杂粪、人畜粪、饼肥等充分腐熟的有机肥），在基肥中混加无机氮肥（尿素、硫酸铵、硝酸铵等）；或在早春至花芽分化前追施尿素、碳铵等氮肥，在地下30～60厘米深处开沟施入。缺氮症状会很快消失。

（2）叶面施肥　尿素作为氮素的补给源，普遍应用于叶面喷布，但应当注意选用缩二脲含量低的尿素，以免产生药害。在生长季的5～10月间，结合每次喷药，可用0.3%～0.5%的尿素溶液，进行根外追肥，一般每年喷3～5次即可。在雨季和秋梢迅速生长期，树体需要大量氮肥，此时土壤中氮素很易流失，可用尿素液喷布树冠2～3次（可单喷，也可与农药混喷）。

如果出现氮素过量症状表现，可通过减少或暂停施用氮肥的方法，可立刻消除过量的症状。

二、葡萄缺磷症

磷是细胞中核苷酸、核蛋白与磷脂类物质的重要组成成分，与细胞分裂关系密切，也是酶与辅酶的重要成分，与光合、呼吸以及碳水化合物与氮化物的代谢、糖分的转运都有重要的关系。磷对糖的合成和转运有良好的促进作用。磷在植物组织中容易移动，在代谢旺盛的幼嫩组织中含量特别多，缺磷对幼嫩组织的影响最大。磷能使葡萄浆果果实内糖、色素和芳香物质增加，含酸量减少，改善葡萄品质。因此，鲜食葡萄和酿造葡萄栽培中，一定要重视磷肥的施用。

1.症状及快速鉴别

一般与缺氮的症状基本相似。萌芽晚，萌芽率低。叶片变小，叶色暗绿带紫色，叶缘发红焦枯，出现半月形坏死斑。葡萄坐果率降低，花序、果穗、果实变小，粒重减轻，着色差，含糖量低，果实成熟期推迟（图2-2）。

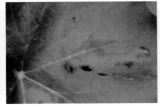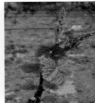

图2-2　叶色暗绿带紫，叶缘发红焦枯

2.病因及发病规律

磷在酸性土壤上易被铁、铝的氧化物固定，降低了磷的有效性。在碱性或石灰性土壤中，磷又易被碳酸钙固定。所以，在酸性强的新垦红黄壤或石灰性土壤中，均易出现缺磷症状。土壤熟化度低，以及有机质含量低的贫瘠土壤，也易缺磷。低温影响土壤中磷的释放和抑制葡萄根系对磷的吸收，使葡萄出现缺磷症状。

葡萄叶片中磷（P_2O_5）含量低于0.14%时为缺乏，0.14%～0.41%为适量。叶柄中磷（P_2O_5）含量小于0.1%时为缺乏；0.10%～0.44%为适量。一般每生产100千克浆果，磷（P_2O_5）的吸收总量为6千克。

磷素一般从葡萄萌芽时开始吸收，到果实膨大期后，逐渐减少，进入成熟期，几乎停止吸收。在果实膨大期，贮藏在茎、叶中的磷素，会大量转移到果实中去；果实采收后，茎、叶内的磷含量又逐渐增加。

3.防治妙招

（1）土施磷肥　可作基肥施入。果实采收后，在秋施基肥时，要重施、早施磷肥，以667平方米产2000千克葡萄为例，每667平方米至少要施用过磷酸钙30～40千克。一般每株成龄树，施过磷酸钙0.5～1千克，与其他有机肥混合一起，深施在葡萄树盘或施肥沟内。

葡萄开花前，每667平方米施过磷酸钙20～40千克，保证花序生长发育，提高坐果率。

在葡萄果实着色、枝条成熟期，为促进果实着色，增加浆果含糖量和枝条成熟充实，每667平方米可施磷肥20～40千克。

（2）叶面喷施磷肥　常用磷酸铵、过磷酸钙、磷酸钾、磷酸二氢钾等磷肥，以磷酸铵和磷酸二氢钾效果好，喷布浓度以0.3%～0.5%为宜。或用过磷酸钙过滤液，浓度为0.5%～2.0%。一般在葡萄幼果膨大期，每隔7～10天，喷施1次，共喷3～4次。

（3）酸性土壤施用石灰　调节土壤pH值，提高土壤中磷的有效性。

（4）排水　低温积水时，应及时中耕排水，提高地温。增施充分腐熟的有机肥料，促进葡萄根系对磷的吸收。

三、葡萄缺钾症

钾对葡萄的生长和结果有重要的作用，可促进浆果成熟，提高果实含糖量，降低含酸量，促进芳香物质和色素形成。钾充足时，葡萄浆果的品质和耐贮运性增加。钾对花芽的分化、根系的发育，特别是根系的形成，均有显著的促进作用；钾与碳水化合物的形成、积累和转运有关，对细胞壁加厚和提高细胞液浓度有良好的促进作用；因此，钾能促进枝蔓成熟，加强养分的贮藏和积累，提高抗病力和抗寒力。钾还与水分代谢有关，能维持细胞的膨压，有助于抗旱性的增强。

葡萄果实中含氮0.1596%、磷0.10%、钾0.19%，以钾的含量最高。即使在含钾丰富的土壤中，葡萄也常常发生缺钾症状。

1. 症状及快速鉴别

植株缺钾时，引起碳水化合物和氮代谢紊乱，蛋白质合成受阻，植株抗病力降低，不能有效地利用硝酸盐，影响光合作用，减少同化产物，果实小，着色不良，成熟前容易落果，降低产量和品质。严重缺钾时，葡萄枝蔓木质部不发达，质脆易断。葡萄果穗少而小，果粒小，果实着色不均匀，成熟不整齐。

葡萄枝梢生长至果实成熟期间缺钾时，枝条中部的叶片扭曲，后叶缘和叶脉间失绿变干，并逐渐由边缘向中间枯焦，叶片变脆，容易脱落（图2-3）

图2-3　葡萄缺钾症

2. 防治妙招

（1）增施有机肥，改良土壤结构，提高土壤肥力和含钾量。

（2）7～8月中旬，可叶面喷施0.3%磷酸二氢钾，或0.2%～0.3%的硫酸钾。每隔约10天喷1次，共喷3～4次。

（3）根施草木灰，或叶面喷施3%的草木灰浸出液，对减轻缺钾症都有良好的效果。

四、葡萄缺镁症

镁与光合作用有密切的关系，镁不仅是叶绿素的重要组成成分，而且参与二氧化碳的固定作用。缺镁是葡萄园常见的一种缺素症。

1. 症状及快速鉴别

一般在生长季初期缺镁症状不明显，从果实膨大期才开始显症，并逐渐加重，尤其是坐果过多的植株，果实尚未成熟便出现大量黄叶，病叶一般不早落。

从葡萄植株基部的老叶开始发生，最初老叶叶脉间褪绿，继而脉间发展成带状黄化斑点，多从叶片的内部向叶缘发展，逐渐黄化。最后叶肉组织黄褐坏死，仅剩下叶脉仍保持绿色（图2-4）。

图2-4　葡萄缺镁症

当植株缺镁时，老叶叶肉中的镁可以通过叶脉、韧皮部向上部的新叶输送，在叶脉附近仍能保持较高浓度的镁，所以这部分叶片仍保持一定程度的绿色，而叶脉间出现失绿。因此，黄褐坏死的叶肉与绿色的叶脉界限分明。

缺镁对葡萄果粒大小和产量影响不明显，但浆果着色差，成熟期推迟，糖分降低，果实品质明显变差。

2. 病因及发病规律

缺镁主要是由于土壤中置换性镁不足，根本原因是土壤中有机肥质量差、数量少，肥源主要靠化学肥料，造成土壤中镁元素供应不足。此外，在酸性土壤中，镁元素较易流失。葡萄的需镁量仅是需钾量的20%，但葡萄对镁的吸收能力很弱。

葡萄根对镁离子的吸收，受土壤中钾、钙、铵、氢和铝等离子的影响。施用铵态氮可抑制镁的吸收，施用硝态氮能促进对镁的吸收。钾肥施用量过多，或大量施用硝酸钙及石灰的葡萄园，会影响植株对镁元素的吸收，常发生缺镁症。夏季大雨过后，缺镁特别明显。

可用原子吸收、ICP、中子活化法、EDTA容量法等叶分析方法，测定葡萄是否缺镁。葡萄缺镁的含量标准为：一般在7～8月，叶片干重镁含量达0.23%～1.08%为适量，0.12%为低镁，0.07%～0.12%

为缺镁。叶柄干重镁含量达0.26%～1.50%为适量，不足0.26%为轻度缺镁。

3.防治妙招

（1）增施优质有机肥　在葡萄定植时，要施足优质的有机肥，保证植株有充足全面的营养，使葡萄根系健壮，增强吸收能力。对成龄葡萄树，也应在秋后增施优质的有机肥。

（2）减少钾肥的施用量　严重缺镁的葡萄园，应适量减少钾肥的施用量，铵态氮、硝酸钙及石灰也要减少用量。

（3）土壤增施镁肥　要适量施用镁肥，常用镁肥有硫酸镁、硫酸钾镁、碳酸镁、钙镁磷肥。缺镁严重的土壤，可施用硫酸镁100千克/667平方米。

> **注意**　施用镁肥时，一定要注意避免淋失。

（4）叶面喷肥　在葡萄植株开始出现缺镁症状时，或预防葡萄缺镁时，可适时采用根外喷肥方法加以矫正。叶面喷3%～4%的硫酸镁溶液，生长季连喷3～4次。

五、葡萄缺硼症

硼属于微量元素，能促进葡萄花粉管的萌发和增长，促进授粉受精，提高坐果率；减少无籽小果，提高产量；增加含糖量，促进芳香物质的形成，改善葡萄浆果品质。同时，硼还可促进新梢和花序的生长，使新梢充分成熟，提高抗逆性。

1.症状及快速鉴别

主要表现是葡萄枝蔓节间变短，植株矮小，副梢生长弱。叶片明显增厚、发脆、皱缩、向外弯曲，叶缘出现失绿黄斑。严重时，叶缘焦灼。缺硼时，影响花芽发育，使花序瘦小，尤为明显的是在葡萄开花至谢花期，花冠不脱落或落花严重，花序干缩。葡萄授粉、受精受到阻碍，坐果稀少，果穗稀疏，结实不良。果穗上无种子的小粒果实增加，形成了明显的珍珠粒穗型。有时产生许多小型无种子的"豆粒果"(图2-5)。

此外,葡萄缺硼,根系分布较浅,甚至造成死根。

图2-5　叶片皱缩,果穗上无种子的小粒增加,形成珍珠粒穗型

2.病因及发病规律

葡萄缺硼症状的发生,与土壤结构、有机肥施用量有关。

沙滩地葡萄园和通气不良、土壤黏重的地区,缺硼现象较为严重。在过于干燥的年份和灌水少的园地,缺硼病株也会明显增加,特别是在葡萄花期前后,土壤过于干旱时,更会加重缺硼症状的发生。偏施氮肥,易发生缺硼症状。

3.防治妙招

(1)加强栽培管理　改良土壤,增施有机肥料,适时灌水,避免偏施氮肥,可增加土壤中可溶性硼的含量。

(2)土壤施硼　一般在葡萄缺硼病株超过10%以上的葡萄园,在结合秋施有机肥的基础上,病株每株追施硼砂30~60克,补充硼的不足,翌年即可见效,防治效果很好。

(3)叶面喷硼　在葡萄开花前和盛花期,连续2次喷施0.1%~0.3%的硼酸溶液,缺硼症状明显消退,坐果率和果实品质显著提高。喷硼后,穗重可增加28.2%~70.6%,果实含糖量可提高0.2~0.6度。

六、葡萄缺锌症

锌与植物生长素的合成有关,缺锌时,植物生长素不能正常形成,植株生长异常。同时,叶绿素形成与锌关系密切,缺锌时,容易引起叶绿素减少,导致失绿症。

1.症状及快速鉴别

葡萄缺锌时，枝、叶、果生长停止或萎缩。枝条下部叶片常有斑纹或黄化，新梢顶部叶片狭小。枝条纤细，节间短，失绿。果实生长不良，形成大量的无籽小果。（图2-6）。

图2-6　葡萄缺锌症

2.病因及发病规律

土壤缺锌，主要是有机质含量低的贫瘠土，有效锌含量低，供给不足。中性或偏碱性钙质土，pH大于6.5，有效锌减少，易表现缺锌症。施用石灰时，极易出现缺锌症状。大量施用氮肥，使土壤变碱，易加剧缺锌。淋溶强烈的酸性土（尤其是沙土），全锌含量低。有机物和土壤水分过少时，铜、镍和其他元素不平衡，都是发生缺锌症的重要原因。

在葡萄栽培品种中，欧亚种葡萄对缺锌较为敏感，尤其是一些大粒型品种和无核品种，如红地球、森田尼无核等，对锌的缺乏更为敏感。

通过对叶片含锌量的测定，可判断树体锌素的营养水平。一般葡萄叶柄含锌量低于15毫克/千克时，即为不足；25～50毫克/千克时，为适量。

3.防治妙招

（1）改良土壤结构，增施有机肥　沙质土壤含锌盐少，且容易流失。碱性土壤锌盐易转化成不可利用的状态，不利于葡萄的吸收和利用。所以，改良土壤结构、加强土壤管理、增施充分腐熟的优质有机肥、调节各元素之间的平衡，对改善锌的吸收利用有良好的作用。

（2）叶面喷施锌肥　葡萄开花期或开花期以后，每隔约15天，叶面喷1次0.1%～0.3%的硫酸锌，不仅能促进浆果的正常生长，提高产量和含糖量。同时，也可促进果实提早成熟。

七、葡萄落花落果病

葡萄花序上的花蕾很多，适当的落花落果，是葡萄正常生长的生理现象。但是，如果落花落果严重，不能维持葡萄植株正常的负载量，将会严重影响当年的产量，给生产带来较大的损失，葡萄开花前1周的花蕾和开花后子房的脱落，为落花落果，如果落花落果率在80%以上，称为落花落果病。

1.症状及快速鉴别

在开花前约1周，花蕾大量脱落，花后子房又大量脱落，葡萄落花落果率达80%以上，造成果粒稀少，效益低下（图2-7）。

图2-7　葡萄严重落花落果

2.病因及发病规律

属生理性病害。主要是葡萄开花前后，由于外界不良环境条件的变化影响，使花蕾不能正常授粉受精，从而造成大量的落花和落果。

花期干旱或阴雨连绵，或花期刮大风，遭遇低温等，都能造成授粉、受精不良，导致大量落花落果。花期干旱，温度高于32℃，开花时昆虫少，造成授粉不良。夜温低于15℃，也影响授粉受精。施氮肥过多，或花期土壤水分含量高，花期新梢旺长，营养生长与生殖生长争夺养分，造成养分竞争，使花穗营养不足、发育不良，造成落花落果。开花前，没有进行新梢摘心，营养生长旺盛。植株生长缺硼，限制花粉的萌发和花粉管正常的伸长，引起受精不良，造成落花落果。留枝量过多，枝条过密，通风透光条件差，光照条件恶化等，都可诱发葡萄严重的落花落果。

3.防治妙招

（1）合理负载、改善树体营养条件　葡萄树体如果负载量过大，消耗的营养物质多，树体营养的积累就会减少。因此，控制产量是减少落花落果的主要措施之一。一般情况下，每667平方米控制产量在1500千克，最多不超过2000千克，既能保证丰产稳产，又能保证枝蔓充分成熟，花芽分化良好，树体营养积累充足，能够满足下一年的生长、开花、授粉受精对养分的需求。

（2）及时疏整花序　根据负载量和新梢生长情况，及时疏除多余的花序，对留下的花序要及时地进行去副穗、小穗、穗尖，使养分的供应更加集中在留下的花序上，满足开花、授粉、受精、坐果的养分需求。

（3）及时抹芽、定枝、摘心　可减少营养的无效消耗，促进花序进一步发育，调整营养生长和生殖生长的关系。控制了一部分的营养生长，能使更多的养分转向花序，保证开花、授粉、受精有足够的养分供应，对落花落果严重的品种，如玫瑰香、巨峰等，可在花前3～5天摘心，可削弱营养生长，促进生殖生长。

（4）合理修剪　对生长势过旺的品种，要注意轻剪长放、削弱营养生长、缓和树势。

可对枝蔓进行环剥或环割。葡萄环剥应在始花期进行，即在结果枝着生果穗的前面3厘米处，或前1个节间，用环剥刀或嫁接刀进行环剥，剥口宽0.2～0.3厘米，深达木质部，剥口立即用塑料条包严，以利于剥口的愈合。也可进行多道环割，均可明显提高葡萄坐果率。尤其对巨峰系列的葡萄品种，减少落花落果效果更为显著。

（5）加强肥水管理　增施有机肥，每生产1千克葡萄，要施用有机肥4千克，改善土壤理化性状，为根系生长创造良好的营养条件，增强根系的吸收能力。在萌芽后至开花前，追施氮、磷为主的速效肥料，并根据天气及土壤情况及时灌水。花后进行追肥和灌水，多施磷、钾肥，控制氮肥的过量施用。

（6）应用生长调节剂　开花前，喷布B9、PP333或矮壮素等植物生长调节剂，可抑制营养生长，改善花期营养状况。

（7）增施硼肥　花前2周，可喷布0.3%的硼酸，近花期喷布0.05%～0.1%的硼酸，可促进花粉萌发和花粉管的伸长，提高葡萄坐果率。也可在离树干30～50厘米处，撒施硼砂，每株追施硼砂

30～60克，施后灌水，对提高坐果率及增加产量，都有显著的作用，均可收到良好的防治效果。

（8）加强早期病虫害的防治　萌芽后至新梢生长到10厘米之前，全园用福星8000倍液＋万灵粉3000倍液（或4.5%的高效氯氰菊酯乳油2500倍液），进行2次清园，可兼防蓟马和绿盲蝽蟓。开花前3～5天，用易保1200倍液＋福星8000倍液＋万灵粉3000倍液（或4.5%的高效氯氰菊酯乳油2500倍液），重点喷新梢及花穗，可防治黑痘病、穗轴褐腐病、霜霉病等病害和蓟马、绿盲蝽蟓等虫害。

八、葡萄裂果病

1. 症状及快速鉴别

主要发生在葡萄果粒上浆之后，果粒开裂，有时露出种子。裂口处易感染霉菌，造成腐烂，不能食用，失去经济价值，可造成较大的经济损失（图2-8）。

图2-8　葡萄裂果病

2. 病因及发病规律

葡萄裂果属于生理性病害。葡萄裂果除因白粉病为害和果粒间排列紧密、挤压过大，造成裂果之外，主要与土壤水分变化过大有关。一般是在果实生长后期，土壤水分变化过大，果实膨压骤增，导致葡萄裂果。

葡萄裂果病与品种特性、栽培技术和极端的气候条件有关。

（1）品种特性　葡萄品种不同，对于裂果的抵抗能力不同。维多利亚等葡萄品种，在果实即将成熟时，易产生裂果。巨峰葡萄裂果，多发生在即将收获的时期，巨峰葡萄果实抗膨压能力差，且对乙烯敏感，在葡萄接近成熟时，果实内乙烯含量高，因此，果实更容易形成裂果。

（2）养分供应不足　钙主要以果钙胶的形态存在于细胞壁中，可使多糖类沉积，保持细胞壁的强固性。葡萄缺钙，细胞壁薄而脆弱，是造成葡萄裂果的重要原因。钾能提高果皮组织机械强度，缺钾易造成葡萄裂果。树势弱，留果量大，果实过于紧密，也易导致裂果严重。施用氮肥较多，也易造成葡萄裂果。

（3）极端气候条件，使土壤含水量不均衡　春季葡萄果实生长前期比较干旱少雨，土壤含水量很低，此时正是葡萄果实第一次膨大期，限制了葡萄正常生长。葡萄生长后期果实近成熟时，突然久旱后浇大水漫灌或突然遇到天降大雨、多雨或连续阴雨，使土壤中含水量突然上升，果实膨大速度过快，根从土壤中吸收过多的水分，通过果刷输送到达果粒，再到果实内，这样，靠近果刷的细胞分裂和生理活动加快，而靠近果皮的细胞活动比较缓慢，使果实膨压骤然增大，导致葡萄果皮纵向裂开。在浆果成熟期，在浇大水，或遇大雨、暴雨等不良天气过后，如果急剧高温干燥，很容易发生裂果。黏土地上的葡萄易涝易旱、急剧的外界环境变化，也易导致落果。

（4）栽培技术　采用传统的修剪方法，多次重复摘心，导致留取的叶片少，使树体调节水分的能力降低，遇暴雨容易引起裂果。用乙烯利催熟，易裂果；如果施用过早、用量过大，裂果更为严重。

病虫为害严重，叶片出现青枯或白粉病、炭疽病等病害，叶片受损没有保护好，或叶果比小，叶片的蒸腾作用弱，大量的水分被迫向果实输送，也会造成裂果。没有合理疏果，果粒过紧，在葡萄成熟期，葡萄浆果二次膨大，果粒相互挤压过重，也会造成葡萄裂果。

葡萄容易裂果的品种，如果栽培技术得当，可以防止裂果。葡萄不易裂果的品种，如栽培措施不当，也易造成裂果。

提示　在灌溉条件差、地势低洼、土壤黏重、排水不良的地区或地块，发生裂果严重。

3.防治妙招

（1）加强对葡萄园的水分管理　保持土壤含水量相对平衡稳定，做到适时灌水，及时排水。天气干旱时，适时灌水，浇小水（跑马水），勤浇水。果实生长后期，土壤干旱，需要灌水时，要防止大水漫灌。低洼葡萄园要修好排水沟，遇大暴雨时，应及时排出积水，将葡萄园中拦水的土坝提前掘开，以防存水，做到大雨过后，地面即干不积水。

葡萄园覆盖地膜，可防止根系积聚过多雨水，抑制地表水分蒸发，减少土壤水分变化。干旱时，覆盖地膜与灌水相结合，能有效防止葡萄裂果。也可在葡萄近成熟时，行间盖上地膜，既可防旱，也可排涝，还可防止病菌繁殖生长。

经常疏松土壤，防止土壤板结，做到排灌舒畅，使土壤内保持一定的水分，避免土壤内水分干湿变化过大。有条件的葡萄园，最好能用稻草覆盖种植带的行间地面。

（2）规范树体管理　葡萄结果量过大，会造成果实着色不良，裂果增多。因此，要注重调整结果量，因树定产，科学疏果，合理负载，可减少裂果。对果粒紧密的葡萄品种，适当调节果实着生密度，花前整穗，花后摘心，花序上适当多留叶片，及时疏花。在葡萄果粒近黄豆粒大小时，及时疏除部分的果粒，使树体保持适宜的留果量。也可在花前7~10天，对果穗喷45毫克/千克的赤霉素，可拉长果梗，使果粒松散不拥挤。

葡萄正常生长发育，要有适宜的叶果比。夏剪时，改变传统的摘心法，多保留叶片。果穗以上副梢全部留2片叶进行摘心，去掉副梢叶腋间的所有冬芽、夏芽，达到每个结果枝25~26片以上的正常叶片，1千克葡萄保证有约60片正常大小的叶片，并保护好叶片，切勿使叶片受损，增强树体调节水分的功能。

在葡萄果实生长前期和中期，注意多喷水或灌水。对葡萄果穗及附近叶片，在裂果初期，喷施萘乙酸15~20毫克/千克＋脱落酸100毫克/千克，一般喷2次，能够抑制植株体内乙烯的活性，可以起到增大果实膨压和膨大果实及延长叶片寿命的作用，可以较好地预防因施用乙烯利造成的裂果。

生长后期，尽量不用乙烯利催熟。及时摘除葡萄病粒，以免葡萄裂果流出的果汁感染其他健康的葡萄果粒。

（3）增施肥料　大量使用有机肥、生物肥，大幅度减少化肥用量，施入氮肥要适量，增施磷、钾肥。黏重的土壤，还应增加钙肥的施用量。秋季或早春施足基肥，生长季节以喷施叶面肥为主，改良土壤结构，避免土壤水分失调。施肥的具体种类和方法如下。

① 喷施各种营养元素比较齐全的叶面肥　葡萄展叶后，结合防虫防病，按照一包肥万钾（45毫升）兑水30千克，喷施新梢叶片，可以显著拉长花穗，当葡萄坐果之后，果穗、果柄就可显著拉长。既可大幅度地减少疏果工作量，也可为果实生长膨大准备足够的空间，从而避免因果实膨大、相互挤压造成裂果。硼肥可以促进花器的发育，开花前后，最好喷施2～3次0.3%的硼酸溶液。

② 及时补充钙肥　钙的作用是促进葡萄对钾肥、磷肥和硝态氮的吸收，增强果皮的厚度和韧性，即增加果皮的机械强度，可显著减少葡萄裂果。补钙比较及时的葡萄园，裂果程度明显减少。

推广测土配方施肥，对检测后土壤缺钙的地块施入钙肥。由于钙的移动性较差，必须采用叶面喷施的方法进行补钙。重点喷施在葡萄果穗上，补钙的时间在葡萄盛花期结束，葡萄幼果初步显露出来之后，在葡萄套袋之前，每隔7～10天，喷施1次尿基螯合离子钙＋肥万钾，连续喷施5～6次。补钙喷施浓度应做到前期淡后期浓，即前期（葡萄开花之前，或者一级梢叶片大小定型之前）每15千克水加入尿基螯合离子钙15毫升，肥万钾每包（45毫升）兑水30千克；后期每15千克水加入尿基螯合离子钙20毫升，肥万钾每包（45毫升）兑水15千克。

> **特别注意**　叶面喷施钙肥，重点喷施在葡萄果穗上，喷到滴水为止。

> **提示**　对pH值为6以下的酸性土壤，也可撒施石灰粉，不仅补钙，同时兼有改良土壤，杀菌的作用。

③ 适时补充钾肥　钾能提高果皮组织机械强度。在葡萄硬核期增施钾肥，能增强葡萄抗病能力，不仅预防或减轻葡萄裂果，还能提高含糖量，增加果实的硬度，促进着色期果实的二次膨大，显著增加产量。葡萄对钾肥需要量比较大，在葡萄的整个生长期间，钾肥都十分重要，尤其是在果实近成熟的时候，需要的钾肥更多。根据葡萄园土壤肥力，一般葡萄园追施硫酸钾5～10千克/667平方米。

喷施钾肥的时间应在葡萄硬核期到果实转色期，每隔7～10天，叶面喷施肥万钾，每包（45毫升）兑水15千克。也可喷0.3%的硝酸钾或0.3%磷酸二氢钾，连续喷施2～3次。

提示　喷施叶面肥，宜在上午9时之前和下午5时以后进行，中午高温时间不宜喷施。叶片正、反两面都要喷洒均匀，每667平方米喷肥液3桶（每桶15千克）为宜。

（4）土壤保湿　葡萄裂果主要是土壤水分失调造成的，要搞好土壤水分管理，防止土壤水分急剧变化，根据不同葡萄品种的裂果发生期，从裂果即将发生时，可进行畦面铺草，使畦面保持湿润。视土壤水分状况浇水或喷水，畦面不能发白，一直保持较充足的水分。

（5）大棚栽培采果结束，再揭顶膜　易发生裂果的欧亚种采用大棚栽培时，棚膜应覆盖至采果结束后，再进行揭除，使土壤水分不因降大雨而急剧变化，防止水分失调造成裂果。

（6）适度喷布防裂剂和使用葡萄膨大剂　果实进入硬核期及软化期，针对果穗喷2～3次防裂剂。但关键还是要注意加强栽培管理，通过人为的强化控制，才能从根本上抑制裂果的发生。

葡萄膨大剂和其他水果膨大剂一样，实际上是人工合成的细胞分裂素。葡萄膨大剂在正常使用情况下，具有促进细胞生长，加速细胞分裂和蛋白质的合成，提高葡萄坐果率，促使果实膨大，使果穗整齐漂亮，提高产量和商品价值。葡萄膨大剂无毒，食用经过膨大剂处理的水果，对人体也无害。但膨大剂如果过量使用或使用不当，会引起果实畸形、裂果、落果等药害的现象发生。因此，在使用葡萄膨大剂时，在使用浓度和次数上，一定要做到准确适度。葡萄膨大剂使用浓度一般为10毫升，兑水3～4千克，在果粒大约花生米粒大的时候，喷施1次即可。

（7）科学防治病虫害　根据葡萄主要病害的发病规律，提前用药，做好葡萄主要病害的预防工作。可用高效广谱的生物杀菌剂逆生（蛇床子素），逆生为纯生物药剂，高度安全，特别适用于绿色无公害果品的生产，具有内吸、触杀、治疗和保护四种功效。对葡萄霜霉病、白粉病和疫病有很好的防治效果，同时对葡萄灰霉病、炭疽病、白腐病、锈病、根腐病、黑痘病和枯萎病等有显著治疗效果。逆生配有特殊的助剂（推进剂），一般20毫升兑水30～45千克＋20毫升推进剂进行喷雾。喷施后吸收快，3秒后就能渗透到植物组织内部。耐雨水冲刷，用后即使10分钟下雨，也不需要再进行补喷。

九、葡萄转色病

也叫葡萄水红粒、葡萄水罐子病，是一种生理性病害。

1.症状及快速鉴别

主要表现在葡萄果穗上，一般在葡萄果实上浆后至成熟期表现出明显的症状，常在果穗的尖端数粒至数十粒果，颜色表现不正常。在葡萄有色品种上，病果粒色泽暗淡，甜、香味全无，果肉呈水状，继而皱缩；在葡萄白色品种上，病果粒表现为水渍状，感病果粒糖度降低，酸度高，果肉组织逐渐变软，皮肉极易分离，成为一包酸水，用手轻捏，水滴成串溢出，故称为葡萄水罐子病。在果梗上，产生褐色圆形或椭圆形褐色病斑。果梗与果粒间易产生离层，病果极易脱落（图2-9）。

图2-9　葡萄转色病

2.病因及发病规律

为生理性病害。由于结果过多，葡萄树体内营养物质不足，导致生理机能失调。

一般表现在树势弱、摘心重、负载量过多、肥水不足或有效叶面积小的葡萄植株上。在留一次果数量较多，又留用较多的二次果，尤其是土壤瘠薄，又发生干旱时，发病严重。地势低洼、土壤黏重、易积水处，发病重。在果实成熟期，高温后遇雨，田间湿度大、温度高，发病重。

3.防治妙招

（1）科学施肥　适时适量施氮肥，增施磷、钾肥，提高树体的营养水平，增强树体抗病力，可减少病害的发生。

（2）合理控制果实负载量　合理修剪，增大叶果比，可减轻病害的发生。对主梢叶片适当多留，一般留12～15片。通过适当摘心、留枝、疏穗或掐穗尖等夏剪措施，调节结果量。在植株生长势弱的情况下，疏花疏果，一般每个结果枝只留1穗果，保证营养充足，提高果实品质。

（3）水分管理　干旱季节及时灌水，低洼果园注意排水。及时锄草，勤松土，保持土壤适宜的湿度。

十、葡萄大小粒

1.症状

葡萄大小粒是指大粒生长正常，小粒比正常果粒小很多，果粒的大小像花生或黄豆。一般小粒内种子数量少或无种子，易先着色。葡萄坐果后，1个果穗上的葡萄粒大小不均匀不整齐，严重影响葡萄的产量、品质及销售价格（图2-10）。

大多数葡萄品种都有大小粒的发生，其中以巨峰葡萄最易发生，为害最严重。

2.病因及发病规律

葡萄大小粒病发生的原因很多。

图2-10　葡萄大小粒

（1）品种原因　为先天性遗传缺陷，个别品种如巨峰、维多利亚、京亚等品种，天生授粉不良，导致大小粒多。另一个主要原因是因其品种易发生退化，引起大小粒，对于个别四倍体品种如巨峰等，3年生树龄以前，葡萄大小粒基本不发生，4～5年生以后，体内基因发生退化，极易产生大小粒，且有逐年加重的趋势。

（2）越冬防寒不到位　造成花芽受冻，枝蔓受冻、风抽，均会出现葡萄大小粒。

（3）花期不良天气　葡萄开花期遇低温、连续阴雨天气，影响授粉，低温阴雨，在南方地区比较多见。或花期高温、干旱，也可导致授粉不良，坐果少，易引起葡萄大小粒。在北方，很多果农担心坐果不好，开花前不敢浇水，一旦遇上高温天气，加上干旱，就会出现大小粒的发生或大量落果现象。

由于天气因素，形成的大小粒，在田间能看到哑铃型的果穗。

（4）植株缺乏硼、锌等微量元素　小粒葡萄是因种子败育形成的。据观察，成熟的小粒果种子数与大粒果种子数相等，但小粒果种子全部处于幼嫩阶段，粒小无仁。如果果粒内有1粒成熟的种子时，果粒可略大些；有2粒成熟的种子时，果粒可长成中等大小；有3粒成熟的种子时，可发育成正常的大粒果。

葡萄缺硼，影响授粉，导致花粉管延长困难，胚珠难以受精，不能形成种子。无籽果或少籽果增加，易引起葡萄大小粒。缺硼引起的葡萄大小粒，一般小粒果没有种子或仅有1粒种子，花帽不易掉落，坐果少。严重缺硼的葡萄园，还可以见到叶片有西瓜皮样的花叶，或对着太阳光照，有花斑，叶片生长迟缓，新梢生长慢。

葡萄缺锌，生长素合成不足，生长迟缓，坐果少，花帽不易掉落，导致果实发育不一致，引起葡萄大小粒。成熟时，大粒和小粒的果实都可以正常上色，而且有些小粒的果实内，也可能有种子。

（5）病毒病感染，树势退化　葡萄扇叶病、黄点病、黄脉病、卷叶病、栓皮病等病毒侵染的病害，很容易出现树势衰退老化。或者受病毒病为害的葡萄，树势衰弱，果穗营养不足，多表现为一个葡萄园中，只有很少一两株树或少数几株树，一样的施肥和浇水，但结果少，出现大小粒，而且表现是连年如此的不良症状。对这种树，没有保留的价值，可以挖掉，重新栽植新株。

（6）生长调节剂使用不当　为了缓和树势，提高坐果率，过多地使用抑制生长的调节剂，或膨大剂使用过早、使用浓度不均匀，或使用坐果激素、无核剂等，也易引起葡萄的大小粒。

（7）肥水管理失控　肥水管理不当，施氮肥偏多，单施化肥，忽视有机肥施用；水量偏大，造成枝蔓营养生长过旺；或过于干旱，肥水不足，树势过弱，生长不良；导致果穗营养相对不足，造成葡萄的大小粒。

旺长造成的葡萄大小粒，表现为葡萄枝条粗壮，节较长。有些还表现花序扭曲，花蕾发育不正常等，大粒有种子，果个特别大，小粒很小，坐果少。旺长造成的大小粒，与上一年的枝条长势过旺有关，上一年枝条旺长，造成花芽分化不良。当年旺长的枝条，到翌年同样还会出现葡萄大小粒现象。

有些葡萄枝蔓长势弱，发芽后，树叶发黄，果穗也是黄的，坐果少，也会形成葡萄大小粒。这种葡萄园往往是上年产量过高，或受肥害，或后期田间积水，冬、春季大量伤根，或葡萄霜霉病等病害，导致落叶过早等造成的。

（8）修剪不当　修剪合理，树势均衡，有利于植株健壮生长。植株单、双蔓过短，架面过低，均导致植株生长强旺，尤其嫁接苗更为明显。夏季修剪过重或过轻，花期摘心、去蔓时期偏早，叶片留的较少。花期架面郁闭，枝量多，造成花期架面通风透光不良，产生花期败育，坐果率低，果穗松散，均会导致营养生长和生殖生长不协调，果穗所留叶片不均匀，形成葡萄大小果粒。

（9）产量过高或过低　产量过高的葡萄园，留果过多，枝条过密，有效叶片不足，造成葡萄大小粒在成熟期，大粒先上红色，小粒是绿色的，形成花串。尤其是巨峰葡萄品种，容易出现树势退化，如果果穗保留太多，果穗营养不足；如果植株负载量过轻，未达到相应的产量，枝条也会出现徒长，均会出现葡萄大小果粒。

3.防治妙招

因为葡萄大小粒发生的原因很多，较为复杂，预防和治疗非常困难。要根据各葡萄园的具体实际情况，找出发病原因，具体问题具体分析，对症解决。采用栽培措施，加强管理，合理修剪、坐果前控肥、控制树势等某种单一的方法，很难达到预期理想的效果，应采取综合防治方法。

（1）更换品种或作无核化处理　对于易出现大小粒的葡萄品种，可进行品种更换。如果当地天气常年不利于葡萄授粉坐果，可以考虑实行无核化栽培。无核化处理后，所有的果粒都没有种子，在膨大后，果粒大小就能均匀一致了。

（2）加强肥水管理　加强田间管理，增施有机肥，保持良好的土壤通透性，促进根系发育，保证开花坐果和果实生长所需的营养。花期加强肥水管理，保证始花后"坐果营养临界期"和"种子发育营养临界期"的两个关键时期有充足的养分供应。

葡萄开花前，保证地表10厘米以下土层用手握能成团，为适宜的含水量。高温干旱，可以通过在开花前适当浇水来缓解，一般花前如果干旱，可浇2次水，低洼地或黏重土壤，可浇灌1次水。如果雨水充足，就不要进行灌水。果粒有弹力至着色期，发现有开裂的现象，应及时控水或雨季排水。

秋季多施有机肥，花前少量施氮肥。果粒长到黄豆粒大小时，需大肥大水。硬核期至着色期，要多施磷、钾肥。氮肥应在4月上旬浇施尿素，每株100～150克，发芽结合喷药，加入0.2%～0.3%的尿素；6月下旬，叶面喷施钾肥，不能间断。采收后，立即追2次采果肥，并灌水。9月底～10月初，每667平方米要施3000千克以上充分腐熟的优质农家肥，并灌2次水。

（3）增施硼、锌等微量元素　缺硼的葡萄园，最好在采果后，叶片喷施保倍硼1500倍液，严重缺硼的果园，可以间隔10天，连用2次；或土施保倍硼200～500克；或在葡萄花序分离期和开花前2～3天，叶片喷施保倍硼1500～2000倍液。

或在葡萄初花期至盛花期，每隔7天，喷1次0.2%～0.3%的硼酸溶液，连喷2～3次，促进花粉管萌发，提高坐果率。

缺锌的葡萄园，可在采果后至落叶前15天，叶面喷施锌钙氨基酸300倍液锌肥。也可在开花前后和幼果膨大前期，叶面喷施2～3次锌钙氨基酸300倍液。或喷施0.1%～0.3%的硫酸锌叶面肥，促进果实膨大。

葡萄发芽后，叶片黄化的葡萄园，根系已经很衰弱，施肥和浇水不易被吸收，从叶片快速补充营养，促使叶片恢复健壮，才能促进根系生长。如果地下进行大肥大水补充，遇到土壤温度低，反而会抑制根系的生长和吸收，树上大部分叶片颜色会表现更黄。可叶面喷施锌钙氨基酸300倍液＋尿素400倍液＋磷酸二氢钾800倍液，间隔2天喷1次，连续3～5次。同时进行松土透气，提高地温，有利于根系生长。

（4）合理负载　调整植株负载量，保证合理的产量和枝条密度，枝条摆布均匀合理。根据果枝的营养状况，进行合理疏花疏果。4年生以上的葡萄树，平均产量控制在每株约10千克为宜。

在葡萄花期，枝条营养状况好的（长超过20厘米，粗度1厘米以上），每个果枝可留2个果穗（留双穗），特别是立架拐弯处和梢头壮枝，更要留双穗，或双枝单穗压枝，防止枝蔓徒长。每个中庸果枝（结果枝长约20厘米，粗度约0.6厘米）留1个果穗。对于弱枝，不留果穗，坚决疏除。

（5）合理修剪　按照葡萄的长势及产量，冬剪合理留好枝条。掌握好结果母枝距离约25厘米，一般可留3芽修剪。翌年春季抹芽定枝时，抹去顶芽，留下面的1～2芽抽生的结果枝结果，壮枝可留双穗。距离不足25厘米的强壮结果枝（指1.2厘米粗以上的枝）要尽量疏除，留下的中庸结果母枝，翌年春季抹芽定枝时，留基芽结果，其余抹掉，保持树势中庸。结果母枝距离超过25厘米以上的要采取多芽修剪，补充空位，翌年春季，抹芽定枝时，要留两头，去中间。

夏季修剪摘心、去蔓时间不要过早，以花前3～5天为宜。结果枝摘心，双芽结果枝组，短枝可保留6～8片叶，长枝（壮枝）保留8～10片叶为宜。同时，抹除全部侧芽萌发的副梢，只留顶端1个副梢。7天后，再对顶端副梢留1～2片叶进行摘心。如果以后葡萄再萌发二次副梢，及时抹除。

人工掐穗尖。葡萄花穗长10厘米以下，不掐或少掐穗尖。葡萄花穗长约20厘米的，在开花前2～3天，掐去整个花穗的1/5～1/4。这项技术措施，对玫瑰香和新玫瑰品种效果非常明显，成穗率高，葡萄果穗紧凑、粒大、美观，可提高葡萄栽培效益。

切断表根。对于4年生以上旺盛生长的巨峰葡萄植株已产生大小粒的，需要切断表根。方法：秋季葡萄下架前，将距离葡萄植株基部超过10厘米的地表根用铁锹齐茬切断。断根后，翌年春季生长略有缓慢，叶片发黄，需加强肥水管理，迅速恢复树势。

对旺长的葡萄园，首先是控制氮肥的施用，控制土壤湿度，少浇水呈偏旱状态。花前3～4天，对旺长的枝条，进行早摘心。过于强壮枝，在结果枝果穗的上部，扭枝弯曲（弓条）或扭平（拧枝条），或者采用环割等措施。冬季修剪时，旺长的枝条多留芽。只有当年控制好了，下一年才不会出现葡萄大小粒。

（6）利用二次枝结果　已经形成葡萄大小粒且非常严重的，可以考虑舍弃第一茬果，留第二茬果，时间宜在6月20日以前进行。葡萄粒近于黄豆粒大时，已明显看出大小粒现象，在新梢的5～6片叶处，剪掉上面的枝叶，利用二次枝进行结果。具有坐果率高，穗整齐一致的特点，但成熟期晚，一般要比正常的晚7～10天。

（7）合理使用生长调节剂　严格按照说明书进行操作，掌握好使用的时间和剂量。

① 膨大剂　掌握50克药剂兑水200千克，配制成药液。当巨峰葡萄已明显看出大小粒时（开花后约15天），进行浸穗（或均匀喷布）1次。

② 新型果树促控剂PBO　具有促进葡萄粒大、色正、早熟、防裂、增产等作用。用量应根据树势而定，第一次在花前1～2天进行土施，每株5～7克，强树每株施2.5～3克，棚架每667平方米用量约250克，篱架每667平方米用量250～500克。第二次在花后约25天进行喷施，浓度100～250倍液。实践证明，巨峰旺树使用PBO，坐果

明显增多。

③ 葡萄大小粒抑制剂 葡萄大小粒抑制剂具有防病、防冻、防裂果、增糖、促着色、提高产量和质量等作用。在葡萄大面积生产上，已经得到了验证，能够有效地控制葡萄大小粒的发生（图2-11）。

葡萄大小粒抑制剂可增强细胞的活性，加速细胞分裂，诱导部分小粒葡萄产生种子，使小粒葡萄快速生长，达到葡萄正常果粒大小。也可活化土壤，促进土壤团粒结构的形成，促进生根，增加根系的数量和深度，调解地下、地上部生理平衡，防止树势过旺引起的葡萄大小粒。还可抑制病毒侵入，减少扇叶病毒引起的大小粒。能够诱导植株产生抗逆性，预防冬季冻害，抑制倒春寒、花期低温、风害伤害花芽引起的大小粒。葡萄大小粒抑制剂含有多种微量元素，防止因缺素症引起的大小粒。能够增强光合作用率、促进花芽分化、促进花粉管生长、提高自然坐果率，无需使用激素坐果，可减少葡萄大小粒的发生。

葡萄大小粒抑制剂可在开花前使用2次，果实黄豆粒大时再用1次。灌根（300～400倍液）与喷雾（400～600倍液）相结合，即可减少葡萄大小粒的发生。葡萄果实膨大期后使用，可预防翌年葡萄大小粒的发生。葡萄采收后，秋季灌根及喷雾各1次，可有效地提高抗冻能力。

图2-11 使用葡萄大小粒抑制剂，果粒大小均匀，果粉较厚

十一、葡萄日烧病

1.症状及快速鉴别

也叫葡萄日灼病，主要发生在葡萄果穗上。

果实受害，果面出现浅褐色的斑块。后病斑扩大，稍凹陷，成为褐色、圆形、边缘不明显的干疤。葡萄受害处易遭受炭疽病的为害。果实着色期至成熟期病害停止发生（图2-12）。

图2-12　葡萄日烧病

2.病因及发病规律

主要原因是果穗在缺少叶片荫蔽的高温条件下，在烈日暴晒和大于33℃高温的影响下，果粒表面局部受高温失水，造成水分失调，导致日灼生理伤害。缺乏钙素营养，或叶片和果实相互争夺水分，也会造成葡萄日灼生理伤害。

一般多在6月中下旬发生。由于果穗缺少叶片荫蔽，在烈日的暴晒下，果粒表面灼伤、失水，形成褐色斑块。篱架比棚架发病重。幼果膨大至上浆前，天气干旱时发病重。摘心重、副梢叶面积小时发病重。叶片小、副梢少的品种发病重。施氮肥过多的植株叶面积大，蒸发量也大，果实日烧病也重。天气从凉爽突然变为炎热时，果面组织不能适应突变的高温环境，也易发生日烧。品种间发生日烧的轻重程度有所不同，白玫瑰、保尔加尔、红大粒、瓶儿、藤稔等粒大、皮薄的品种日烧病较重，白莲子、黑罕等品种也易发生日烧病。

3. 防治妙招

（1）选择抗性强的品种　因地制宜地选用适应当地的抗日烧强的葡萄优良品种。

（2）加强田间管理　在气候干旱、日照强烈的地方建园，应改篱架栽培为棚架栽培，可预防日烧病的发生。对易发生日烧病的品种，夏季修剪时，在果穗附近多留些叶片或副梢，使果穗有叶片荫蔽，避免阳光直射。对在生产上需疏除老叶的葡萄品种，要注意尽量保留遮蔽果穗的葡萄叶片。

（3）合理施肥　控制氮肥的施用，不要过量，避免植株徒长，加重日烧。

（4）雨后注意排水　及时松土，保持土壤的通透性，有利于树体对水分的吸收。

（5）果穗套袋　对易发生日烧的葡萄品种，应尽早进行果穗套袋，以避免发生日烧。注意果袋应具有良好的透气性，对透气性不良的果袋，可剪去果袋下方的一角，保证通气。

十二、葡萄缩果病

是高温、缺钙、水分失调引起的一种生理性病害，从硬核期开始发生。是近年来在我国各地发生比较严重的葡萄生理性病害，特别是露地栽培的葡萄损失惨重。

1.症状及快速鉴别

日灼病主要发生在果穗的肩部和果穗向阳面上，而缩果病多发生在非向阳部位，但两者症状有相似之处。

果实受害后，最初在果肉内生成芝麻粒大的浅褐色斑点，果面形成水渍状或烫伤状淡褐色斑，然后逐渐扩大。发病果实在受害部位形成浅褐色或暗红、暗灰色斑块，或褐色干疤，病部微凹陷。严重时果实变黑，揭开病部果皮，局部果肉如压伤状。果实成熟后，病块果肉硬度如初。受害处易遭受其他病菌（如炭疽病菌等）的侵染（图2-13）。

图2-13　葡萄缩果病

果粒生长发育约30天，为葡萄缩果病的高发期，果粒表皮下的果肉产生针尖大小的浅褐色麻点，如果不继续发展扩大，在果实成熟时，肉眼几乎察觉不到，不影响外观。在硬核后期，如果褐色麻点迅速发展扩大，就会形成病斑。病斑近圆形、椭圆形或长圆形，大小不等，大病斑直径可达果粒表面的1/3。病斑初时浅褐色，迅速变黑，下陷，似手指的压痕。病斑有坚硬感，病部下的果肉维管束发生木栓化收缩，失水，皮下似有空洞感，但果粒一般不脱落。一般在果穗上分散发生，果面上的病斑通常也不集中连片。严重时，一个果粒会发生几个病斑，有近一半的果粒受害。病斑常发生在果粒近果梗的基部或果面中上部，病斑发生部位与阳光直射有一定的关系，虽然叶幕下背阴部位、果穗背阴部及套袋果穗上也会发生，但发生率明显降低。

病情轻微时，一般仅有少量果穗的少数果粒发病，病穗比例不会超过10%。但有些年份，在一些品种上，尤其是巨峰系列的葡萄品种，会严重发病，给生产造成巨大的经济损失。

2.病因及发病规律

缩果病是水分的生理失调和高温环境共同作用引起的，一般在高温干燥的气候条件下发生。水分不足，乙烯等激素不平衡，硼、钙素等微量元素缺乏，葡萄缩果病严重发生。

当土壤持续干旱时，根系活力降低，叶片气孔的开闭机能钝化，此时遇到气温急剧升高，叶面蒸腾量迅速加大，叶片蒸发的水分超过了从根系中吸收的水分，不仅从根通过茎干得到水分，而且也出现叶片从果实中争夺水分，供其继续蒸腾补水。如果根系吸收供水不足，会加剧浆果失水。在浆果失水和果实温度升高的情况下，会产生局部灼伤，从而引发缩果病。

通常白天的叶片水势低于果实的水势。在高温干燥天气时，叶片与果实之间的水势的差别更大，迫使水分从果实流向叶片。

葡萄园立地条件、品种、栽培模式及肥水管理的不同，葡萄缩果病发生情况存在着很大的差异。

（1）发病时期　从物候期看，葡萄缩果病在果实生长的硬核中、后期常集中发生，一般高发期在6月中下旬，至浆果生长进入软化期，即果粒开始第二次迅速生长后不再发生。

从季节看，该病多发生在初夏的高温季节。在东南沿海的梅雨多发地区，高发期与梅雨季节长短及天气变化关系密切，往往在较长的阴雨天气后，突然连续晴天高温，即进入伏旱天气时最容易发生。北方地区虽然没有梅雨天气，但夏季只要在一段阴雨天气之后，突然高温，也会发病。

（2）葡萄品种　大多数葡萄品种，不管是欧亚种还是欧美杂交种葡萄，均可发生缩果病，不同品种间发病的轻重程度有所不同。欧亚种品种中的红地球发病较重，红富士、美人指发病率也很高；巨峰系品种群大都易发病，其中又以巨峰发病最重，藤稔次之；粒小、皮厚的葡萄品种发病较轻。

（3）生态环境　土壤过湿和干湿急剧变化，是葡萄缩果病的重要诱发因子。葡萄硬核期前土壤高湿的发病最重，全生长期均保持湿润的次之，全生长期干燥或硬核期前干燥，发病很轻。露地栽培的葡萄，前期雨水多，土壤湿度大，或全期湿润，枝叶柔嫩繁茂，雨后遇高温干旱，水分大量蒸腾，造成缩果病暴发。反之，叶片蒸腾少，缩果病发生较轻。在地势低洼地带栽培的葡萄，地下水位较高，加之雨水多，土壤水分高，雨过天晴后，极易发生缩果病。硬核后期，长期阴雨后，突然遇到高温的天气，缩果病发生重。高温和干燥同时发生时，更易诱发缩果病。低温夏凉时，发生较轻。因此，硬核中后期高温是诱发葡萄缩果病的关键因素。

空气干燥程度与发病也有一定的关系。高温往往使空气相对湿度下降，加速了缩果病的发生。高湿的封闭环境，阻止了枝叶水分的消耗，以失水为诱因的缩果病不会发生。在梅雨季节的高温天气，由于空气湿度较大，果粒好似浸泡在热的水气中，受光的向阳面受到光线的灼伤，产生日烧症状。

光照直射与缩果病没有直接关系，但可通过温度发生作用。园地土壤湿度大，且避雨棚之间的间隙过于宽大，又没采取遮阳措施（如遮阳网、副梢叶片、纸片或套袋等），进入高温天气后，常造成葡萄缩果病的大暴发。

（4）栽培管理　篱架栽培时，病害发生明显重于棚架。葡萄园排水不畅，长期积水湿润，土壤过湿，土壤施氮肥过多，缩果病发生较重。葡萄树叶面积过大，叶组织柔软，叶片气孔关闭，机能迟钝，在高温干燥季节，会使水分大量散失，缩果病发生较重。地下水位过高，又使根系在浅表的表土层中分布，夏季高温时，常同时发生伏旱，造成表土层葡萄的部分根系死亡，影响了水分的吸收，缩果病发生较重。

在葡萄园管理上，应采取控水控氮、排水促根等措施，使植株生长健壮。雨后采用土表覆草，可保持土壤水分均衡，是控制葡萄缩果病的较有效措施。

（5）激素的不当使用　调查发现，使用赤霉素、2,4-D等药剂浓度过高，会引发缩果病。但用ABA处理葡萄，不会增加缩果病的发生。

3.防治妙招

从病因着手，改善葡萄园的管理，增强枝叶的健壮程度，是防止葡萄缩果病的根本措施。从生产实践情况看，应采取综合防治的方法。

（1）土壤深耕　进行深耕，改善土壤条件，增强土壤的透气性，提高根系的活动能力。保证地上、地下水分的平衡，使其透水性、保水性、通气性均达最佳，确保在整个生育期，根系充满活力。

（2）增施有机肥、菌肥等　秋季增施有机肥及生物菌肥，彻底改善土壤的物理性状。同时，严格控制氮肥的施入量。缺钙时，可施用富态威有机钙粉80～120千克/667平方米。

（3）叶面喷肥　叶面喷施钙肥，常用的有硝酸钙、氨基酸钙等。硝酸钙使用浓度0.4%～0.5%；氨基酸钙（每667平方米每次150克，兑水45千克）含钙量低于硝酸钙，但利用率高，更为安全、有效。在硬核期的前、中期使用，可促进葡萄健壮生长，预防病害。

对易发生日灼病的品种，幼果期要喷施优质水溶性钙肥。幼果膨大期开始，可连续喷施果蔬钙1000倍液，或高大上糖醇钙1500倍液，或多维离子钙1000～1500倍液等，共喷3～4次。

硬核期之前，叶面喷施0.1%～0.15%的硼酸液，共喷2～3次，也有利于减少葡萄缩果病的发生。

叶面补充钾、钙、硼等液体肥料。在开花前，叶面喷施禾丰硼（或金甲硼）1000倍液。幼果膨大期开始，连续喷施禾丰硼（或金甲硼）1000倍液，共喷2～3次，从叶片增加营养供给，可增强树势，提高抗病能力。

（4）保证土壤水分均衡　注意调节土壤水分，做到旱能浇、涝能排。干旱时，应及时灌水，用稻草或秸秆覆盖土壤，厚度约10厘米。尤其要避免整个生长季土壤一直处于过湿状态，导致根系活动减弱。常发生水涝的葡萄园，将葡萄园内挖深沟，改善排水条件，保证雨季及时排水。行间沟深大于30厘米，四周沟深度要达到40～60厘米，降低地下水位，保证树体上、下部的水分平衡，确保在整个生育期，满足根系生长的适宜生长条件。

（5）及时进行夏季修剪　不可放任葡萄枝蔓自由生长，减少无效的叶面积。夏季修剪时，注意在果穗附近尽量多保留遮蔽果穗的叶片，以遮盖果穗。将受害果粒及时摘除，减少营养的无效消耗，避免传染病害。

（6）果穗套袋　果穗适时进行修穗和套袋，可减轻缩果病的发生。注意果袋的透气性。套袋应避开高温时节，以防加重病害。

（7）棚架栽培　在气候干旱、日照强烈和通风不良的地方，应改篱架栽培为棚架栽培，可预防葡萄缩果病的发生。

（8）遮蔽果实　每年6月初～7月上旬，在避雨棚的间隙用遮阳网覆盖，可减少阳光直射；或在处理果穗及副梢时，保留1～2片副梢叶片；或在果穗上盖一纸片，给予果实一定的遮蔽，在一定程度上可减少葡萄缩果病的发生。

十三、葡萄鸟害

近年来，我国葡萄生产上关于鸟类为害的报道越来越多，不仅露地栽培的鲜食品种和酿酒品种遭受鸟害，而且温室、大棚葡萄和葡萄干晾房也常受到鸟的侵袭。鸟害对葡萄为害加重的原因，一是随着我国全民环境保护意识的增强，鸟的种类、种群数目急剧增加；二是随着葡萄大粒、色艳、皮薄、浓甜、早熟与晚熟新品种的不断出现，也增强了对鸟类的诱惑力；同时，一些栽培方式使果穗外露，更易遭到鸟类的侵袭。鸟害已经成为影响葡萄园产量和果实品质的突出问题之一，有些葡萄园由于鸟害造成的损失可达总产量的30%～70%。鸟类为害越来越多，不仅直接影响葡萄果品的产量和质量，还加剧了病害的传播和扩散。一旦成熟，最好的果实即被叼食，水果被鸟啄食受害后，伤痕累累，残果遍地，彻底失去了商品价值。并会进一步引发病虫害，造成严重的经济损失，已到了非治理不可的地步。研究鸟害的发生规律，推广经济实用、有效的防御方法，已成为当前葡萄生产上一个十分紧迫的问题。

1.鸟害对葡萄生产的影响

在鸟群个体数量较少，或葡萄栽培面积较大时，鸟害对葡萄生产的影响尚不十分明显。当鸟群数量较多，或葡萄栽培面积较小时，对葡萄生产的影响就十分突出。鸟类对葡萄生产的为害主要有3种方式。一是早春，一些小型鸟类如麻雀等，啄食刚萌动的芽苞或刚伸出的花序。二是鸟类啄食葡萄成熟的果粒，有的将果粒叼走。鸟类啄食果粒后，使果穗商品质量严重下降，并诱发葡萄白腐病、酸腐病等病害。近年来，鸟类常从温室或大棚的通风孔进入，为害棚室葡萄的果实。三是鸟类进入晾房，啄食尚未完全晾干的葡萄干，不但影响葡萄干的质量，而且严重影响葡萄干的卫生状况（图2-14，图2-15）。

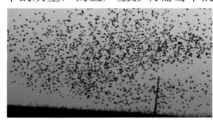

图2-14　葡萄园上空鸟类成群

图2-15　鸟害引起葡萄的酸腐病

2.葡萄园常见鸟的种类

葡萄园中常见的鸟类种类繁多，而且随着地区和季节的变化，鸟类种类和种群结构也有不同的变化。常年在我国南、北方葡萄园中活动的鸟类有20余种，主要是山雀、麻雀、山麻雀、画眉、乌鸦、大嘴乌鸦、喜鹊、灰喜鹊、灰树鹊、云雀、啄木鸟、戴胜、斑鸠、野鸽、雉鸡、八哥，相思鸟、白头翁、小太平鸟、黄莺、灰掠鸟、水老鸹等。我国各地葡萄园中鸟的种类地域性差异十分明显。在南方，山雀、白头翁等是对葡萄影响较大的鸟类；在北方，麻雀、灰喜鹊是为害葡萄最主要的鸟类（图2-16）。

灰喜鹊

喜鹊

啄木鸟

戴胜

大嘴乌鸦

大山雀

麻雀

红嘴蓝鹊

图2-16　葡萄园常见的鸟类

3.鸟害发生特点

葡萄园鸟害发生状况与栽培品种、栽培方式、栽培地区的自然条件密切相关。一般从7月份鸟群进入葡萄园啄食果实，直至果实成熟，时间长达3个多月。即使是套纸袋，也难以阻挡鸟的伤害，鸟能啄破纸袋，再啄食果实。葡萄摘袋后的着色期，色彩艳丽，且香味四溢，更会招来更多的鸟啄食果实。鸟之所以会对葡萄园造成严重影响，与鸟类破坏的方式有关，鸟不仅仅啄食果实，造成果品质量降低，失去商品价值；同时，被啄食的葡萄果粒，常常引发白星花金龟子和马蜂等害虫为害，还很容易引起真菌的滋生。综合分析，鸟害的发生有以下几个特点。

（1）葡萄鲜食品种要比酿酒品种遭受鸟害严重　调查发现，早熟和晚熟鲜食品种中的红色、大粒、皮薄的品种受害明显较重。凤凰51、京秀、乍娜等早熟品种，果实受害率65%～75%，晚熟品种红地球果实受害率为35%。原因是在当地葡萄成熟时，农作物尚未成熟或已经收获，已无其他农作物可成为鸟类的食源，此时，葡萄就成为鸟类主要的觅食对象。

（2）栽培方式对鸟害的轻重程度有很大的影响　调查发现，采用篱架栽培的比棚架栽培鸟害明显严重。这是由于棚架栽培对葡萄有一定的遮蔽作用。而在棚架上外露的果穗受害程度又较内部果穗重。套袋栽培的葡萄园，鸟害程度明显减轻，但应注意选用质量好的果袋，如果果袋质量较差，容易被鸟啄破，同样会导致果实遭受鸟害。

（3）树林旁、河流旁和以土木建筑为主的村舍旁，鸟害较为严重　葡萄园周围高大绿化树木较多，或靠近山林、河流旁的葡萄园，为鸟类的栖息提供了良好的环境条件。因此，鸟害十分严重。在气候干旱的新疆吐鲁番、哈密地区戈壁滩上的葡萄园和葡萄干晾房中，鸟害很轻，但在靠近绿洲附近的葡萄园和晾房中，葡萄鸟害就相对较重。

（4）不同鸟类活动规律有所不同　在一年之中，鸟类活动最多的时节，是在果实上色至成熟期；其次，是发芽初期至开花期；在幼果发育期至上色以前，鸟类活动较少。在一天中，黎明后和傍晚前后，是2个明显的鸟类活动为害高峰期。麻雀、山雀等以早晨活动较多，而灰喜鹊、白头翁等，在傍晚前活动较为猖獗。

鸟害严重的地区，常常呈现成群鸟类侵害葡萄园的情况。有些鸟类如灰喜鹊有明显的"报复"行为，当群体中一只遭到捕杀时，会招致更多的成群的灰喜鹊前来报复，严重为害葡萄园。

4.葡萄园鸟害的防御措施

在保护鸟类的前提下，防止或减轻鸟类活动对葡萄生产的影响，是防御鸟害的最根本的措施。近年来，欧美一些国家已将先进的超声波、微型音响系统、自控机器人、网室等驱避鸟类的新技术用于葡萄园鸟害的防御，鉴于我国的实际情况和对多年的实践总结，当前我国葡萄园主要采用如下的防鸟措施。

（1）果穗套袋　这是最为简便的一种防鸟害方法。同时，也可有效预防各种病虫、蜂、农药、尘埃等对果穗的影响，生产出优质无公害葡萄。在一些鸟类较多的地区，可用尼龙丝网袋进行套袋，这样不仅可以防止鸟害，而且不影响果实上色。果袋选用大号的微孔透气塑膜袋，价格便宜，防鸟效果好。葡萄植株花后约15天，喷施1次70%的甲基托布津1000倍液（重点喷果穗），并进行套袋。采收后去袋，或带袋上市均可（图2-17）。

图2-17　葡萄果穗套袋防鸟害

灰喜鹊、乌鸦等体型较大的鸟类，常能啄破纸袋啄食葡萄。因此一定要用质量好、坚韧性强的纸袋。

（2）驱鸟

① 驱鸟剂防鸟害　生产中，果农常采取噪声恐吓等方法驱赶，但效果不理想，应用驱鸟剂防鸟害，效果较好。驱鸟原理是通过气味驱鸟，驱鸟剂因可散发特殊的味道，刺激鸟类神经中枢系统，鸟闻味后，即会飞走远离。

驱鸟剂从生物原料提取，绝非农药勾兑，无毒无害，一般不会对人体造成毒害，因个人体质不同，特别敏感型的人应注意防患。驱鸟剂常稀释50～100倍浓度使用，稀释浓度过低，起不到驱鸟作用。

驱鸟方式：自制防雨瓶，挂瓶使用，一树一瓶，持久耐用高效，驱鸟维持时间可达1～2个月。鸟闻到气味，是绝不会再飞过来为害的。前期效果显著，后期结合人工敲锣等方式驱赶，葡萄园受鸟啄果率不超过1%（图2-18）。

图2-18　用驱鸟剂驱鸟

提示　除了悬挂或喷布驱鸟剂，也可在葡萄园四周栽种驱鸟植物。

② 人工驱鸟　鸟类在一天中的清晨、中午、黄昏3个时段，为害葡萄果实较严重。果农可在这几个关键时期之前，到达葡萄园，及时将飞来的鸟驱赶到葡萄园外。过15分钟后，应再次检查、驱赶1次，每个时段一般需驱赶3～5次。

③ 置物驱鸟　在葡萄园中，放置假人、假鹰，或在葡萄园上空悬浮画有鹰、猫等图形的气球，绑缚在木杆上。根据果园面积，在立柱上固定若干假鹰，假鹰随风摆动，可以在短期内，防止害鸟的入侵，驱鸟效果很好。置物驱鸟最好和声音驱鸟结合起来。如果葡萄园

能够通电，可在鸟飞来时，配合播放鹰叫的磁带，使鸟类产生恐惧，驱鸟效果更佳。

注意 使用置物驱鸟和声音驱鸟两种方法，应及早进行，一般在鸟类开始啄食葡萄果实前开始进行防治，促使一些鸟类迁移到其他地方筑巢觅食。

④ 反光膜驱鸟 地面铺设反光膜，通过反射的光线，可使害鸟短期内不敢靠近葡萄园，也有利于果实着色。

⑤ 烟雾和喷水驱鸟 在葡萄园内或葡萄园边缘施放烟雾，可有效预防和驱散害鸟，但应注意不能靠近葡萄树，以免烧伤葡萄枝叶和熏坏葡萄枝蔓。

有喷灌条件的葡萄园，可结合灌溉和"暮喷"，进行喷水驱鸟。

⑥ 超声波驱鸟 面积不太大的葡萄园，还可用超声波进行驱鸟。

（3）架设防鸟网 防鸟网既适用于大面积的葡萄园，也适用于面积较小的葡萄园，或庭院葡萄。果实开始成熟时，在葡萄园周围竖起一圈防鸟网，简单实用，非常有效（图2-19）。

先在葡萄架面上0.75～1米处，增设由8～10号铁丝纵横成网的支持网架，网架上铺设用尼龙丝制作的专用葡萄防鸟网，网架的周边向地面垂下，并用土进行压实，防止鸟类从旁侧飞入。

防鸟网可用尼龙丝制作，也可用细铁丝制作，注意网格的大小要适宜，保证有效防止鸟类的飞入。由于大部分鸟类对暗色分辨不清，因此应尽量采用白色等浅色的尼龙网，不宜用黑色等深色的尼龙网。

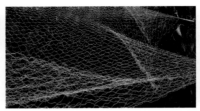

图2-19 架设防鸟网

提示 在冰雹频发的地区，可调整网格的大小，将防雹网与防鸟网结合设置，是一件事半功倍的好措施。

（4）增设隔离网 在温室、大棚及葡萄干晾房的进出口及通风口、换气孔上，事先设置适当规格的铁丝网、尼龙网，防止鸟类的进入。

（5）改进栽培方式 在鸟害的常发地区，适当多保留叶片，遮盖果穗。并注意改善葡萄园周围的卫生状况，也能明显减轻鸟害的发生。

（6）葡萄二次套袋 葡萄脱下纸袋，紧接着再给葡萄套上透明的塑料袋，为葡萄穿上"透视装"，可以防鸟，不影响葡萄着光，也能防止葡萄裂口，还可防止外界粉尘污染。这种二次套袋技术，有效预防了鸟类啄食葡萄，效果好（图2-20）。

图2-20 二次套袋

十四、葡萄雹灾

1.症状及快速鉴别

葡萄受雹灾后，会造成叶伤、果伤、枝伤等不同程度的损伤，还会造成落叶、落果。轻者树叶破碎、小枝破皮、果实被击成许多小坑，成为等外果。严重时树叶被打光，多年生枝表皮伤痕累累，果实大部分被打掉，甚至造成绝收（图2-21）。

图2-21 雹灾过后的葡萄

2.葡萄园防雹及灾后管理

（1）葡萄园防雹　避免在多雹区栽植葡萄。有条件的葡萄园，应架设尼龙网等防雹网，可有效预防雹灾。通过收听天气预报，及时进行人工防雹（图2-22）。

图2-22　架设防雹网

（2）进行葡萄保护栽培　即可防雹，也可防止雨水过多（图2-23）。

图2-23　葡萄保护栽培

（3）果穗套袋　也有一定的防雹作用（图2-24）。

图2-24　葡萄果穗套袋

（4）雹灾后管理　冰雹灾害发生后，为尽快恢复葡萄生产，减轻葡萄园受损程度，降低葡萄园病虫害发生率，应及时清理葡萄园，加强肥水、病虫害防治等综合管理。

① 及时排水　冰雹一般都伴随着大风暴雨，对于地势较低、排水不良的葡萄园，及时在葡萄园边挖好排水口，将葡萄园中多余的积水引流出葡萄园外，使葡萄园中看不到明水，以免影响根系呼吸，造成涝灾，也可避免留存的果实出现裂果。

② 葡萄园清理　雹灾过后，迅速清理葡萄园内的落叶、落果及果袋。在行间开挖40厘米深的沟，集中将清理的杂物深埋，以防病菌传播蔓延。剪除被打折断的树枝、新梢和一部分表皮与木质部整体脱离的枝条。对折断的枝梢，应从断茬处稍向下短截，保证伤口平滑。主枝、大辅养枝等背上发生灾害的枝条，剪除顶端的幼嫩部分，促进新梢及时成熟。对大枝破裂或枝干脱皮受伤部位，应修平伤口，并涂抹伤口保护愈合剂。对伤疤过多较重、影响后期发育的果实，要坚决摘除。对受伤较轻、伤面30%以下的果实，可适当保留，但留果量应不超过树体的合理负载，避免树体营养连续损耗，以利于花芽分化，提高花芽质量，保证下一年的产量。

③ 及时中耕　大雨冰雹过后，常使葡萄园土壤板结，透气性变差，影响根系呼吸。雨后杂草疯长，与葡萄树竞争养分，还会滋生病虫。因此，灾后土壤不再泥泞时，就要及时对葡萄园进行中耕除草，改善土壤的透气性，让根系呼吸顺畅，恢复正常吸收功能。

④ 科学施肥　遭受雹灾后，一般叶片残缺不全，树体光合面积减少，伤口愈合又需要大量营养，因而要补充养分。对于雹灾前已经追肥的葡萄园，灾后不要再进行追肥。雹灾前没有追肥的葡萄园，雹灾后，一般盛果期葡萄园，每667平方米及时追施尿素25千克和氮、磷、钾三元复合肥25千克。同时，结合树上喷药，叶面喷施0.3%的尿素＋0.3%的磷酸二氢钾。对受害较严重的葡萄园，根据树势和挂果量，每667平方米施入尿素和磷酸二铵30～40千克。对重灾绝收的葡萄园，深翻树盘，每667平方米施入尿素和磷酸二铵50～60千克，促进葡萄萌芽、抽枝、长叶，恢复树势。9月后，增施充分腐熟的优

质有机肥，时间要早，施肥量要大，每667平方米施充分腐熟的优质农家肥5方以上。

⑤ 防治病虫害　雹灾过后，葡萄园湿度大，树体伤口多，有利于病菌的繁殖传播与害虫的侵入为害，应每隔约10天喷1次杀菌、杀虫剂和叶面肥，严防病虫害大面积发生和蔓延，保证树体营养供应，促进花芽分化。

药剂可选用70%甲基硫菌灵800倍液，或43%的戊唑醇4000倍液，或10%苯醚甲环唑3000倍液等杀菌剂，可间隔轮换使用。果实采收后落叶至上冻前，全园喷洒1次25%的丙环唑600倍液，或45%的施纳宁300倍液，或斯米康800～1000倍液，或福星6000～8000倍液等优良的杀菌剂。虫害严重时，可加入25%吡虫啉3000倍液，一起喷雾防治。

第三章

葡萄主要虫害快速鉴别与防治

一、葡萄短须螨

也叫葡萄红蜘蛛，属蜱螨目，细须螨科，只为害葡萄。在我国北方分布较普遍，南方葡萄产区少有发生。近几年有加重为害的趋势，是我国葡萄产区重要的害虫之一。

1.症状及快速鉴别

以幼虫、若虫、成虫为害嫩梢茎部、叶片、果梗、果穗、幼果及副梢等（图3-1）。

（1）叶片被害　叶脉两侧呈褐色锈斑。严重时，叶片失绿变黄，枯焦脱落。

（2）嫩梢受害　在基部受害时，表皮产生褐色颗粒状突起，呈现黑色、锈状斑块。叶柄被害状与新梢相同。

（3）果穗受害　果梗、穗梗被害后，由褐色变成黑色，组织变脆，容易折断，果穗易脱落。

（4）果粒受害　前期果皮上长出浅褐色铁锈斑，果面表皮粗糙硬化，易龟裂。有时从果蒂向下纵裂。果粒后期受害，影响着色，成熟果实色泽和含糖量降低，严重影响葡萄的产量和品质。

图3-1　葡萄短须螨为害症状

2.形态特征

（1）成虫　雌成螨体微小，一般约0.32毫米×0.11毫米，体赤褐色，眼点红色，腹部中央红色。体背中央呈纵向隆起，体后部末端上下扁平。背面体壁有网状花纹，背面刚毛呈披针状。4对足粗短，多皱纹，刚毛数量少，跗节有小棍状毛1根。目前未发现有雄成虫（图3-2）。

（2）卵　大小为0.04毫米×0.03毫米，卵圆形，鲜红色，有光泽。

（3）幼螨　大小为（0.13～0.15）毫米×（0.06～0.08）毫米，体鲜红色，足3对，白色。体两侧和前后足各有2根叶片状的刚毛。腹部末端周缘有8条刚毛，其中第3对为长刚毛，针状，其余为叶片状。

（4）若螨　后期体淡红或灰白色，足4对。身体后部上、下较扁平，末端周缘刚毛8条，全为叶片状（图3-2）。

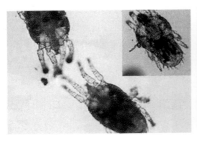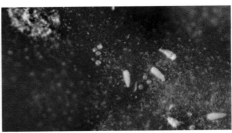

图3-2　葡萄短须螨成螨及若螨

3.生活习性及发生规律

一年发生6代以上。以雌成虫在老皮裂缝内、叶腋及松散的芽鳞绒毛内群集越冬。翌年3月中、下旬出蛰，大约半个月后开始产卵，卵散产。全年以若虫和成虫为害嫩芽基部、叶柄、叶片、穗柄、果梗、果实和副梢。10月下旬后，逐渐转移到叶柄基部和叶腋间。11月下旬，进入隐蔽的场所越冬。

在葡萄不同的品种上发生的密度不同。一般喜欢在叶片绒毛较短的葡萄品种上为害，如玫瑰香、佳利酿等葡萄品种。叶片绒毛密而长或绒毛少很光滑的葡萄品种上，为害数量很少，如龙眼、红富士等葡萄品种。虫害的发生与温、湿度也有密切的关系，一般平均温度在29℃、相对湿度在80%～85%的条件下，最适合葡萄短须螨生长发育。因此，7～8月的温、湿度适宜时，最适合葡萄短须螨繁殖，害虫发生的数量多，为害严重。

4.防治妙招

（1）冬季清园　葡萄冬季防寒前，剥除葡萄枝蔓上的老粗皮，带出园外集中烧毁，消灭在粗皮内越冬的雌成虫。

（2）药剂防治　葡萄春季发芽萌动时，可用3波美度的石硫合剂＋0.3%的洗衣粉，进行喷雾。展叶前期，可用20%灭扫利（甲氰菊酯）乳油3000倍液，或2.5%功夫菊酯（氯氟氰菊酯）乳油1000～2000倍液等触杀性强的菊酯类农药喷雾，也有很好的防治效果。

葡萄生长季节，可用0.2～0.3波美度的石硫合剂，或50%敌敌畏乳油1500～2000倍液，进行喷雾防治。7～8月间，虫口密度大，可用15%扫螨净乳油3000～4000倍液，或20%螨克乳油1000倍液，或73%克螨特乳油2500～3500倍液等杀螨药剂喷洒。

> **提示**　波尔多液、石硫合剂是葡萄防治病虫害的常用药物，两者不能混合使用，喷石硫合剂后，须间隔10～15天后，再喷波尔多液。喷波尔多液后，再喷石硫合剂，需要间隔30天以上。

二、葡萄瘿螨

也叫葡萄缺节瘿螨、葡萄锈壁虱、葡萄潜叶壁虱，属节肢门，蛛形纲，蜱螨目，瘿螨科，缺节瘿螨属。

葡萄缺节瘿螨为害葡萄的症状好像病害的症状，叶片受害处正面表面呈泡状隆起，叶背病斑凹陷处密生一层很厚的毛毡状白色绒毛，人们习惯将葡萄缺节瘿螨为害称为葡萄毛毡病。

葡萄缺节瘿螨在全国各地普遍发生和为害，主要在辽宁、河北、山东、山西、陕西等北方葡萄产区为害较重。主要影响叶片正常的生长发育，造成早期落叶，严重影响葡萄的正常生长，对葡萄产量及品质影响极大。

1.症状及快速鉴别

全年均可为害，主要为害葡萄叶片，尤以嫩叶严重；也为害葡萄嫩梢、幼果及花梗。

（1）叶片受害　缺节瘿螨寄生于葡萄叶片背面，以小叶及新展开的叶片受害严重。主要以成、若螨在叶背面为害，刺吸叶片汁液。最初虫螨钻入叶背茸毛中，吸食营养，叶片表现不规则的苍白色斑点，大小不等。后叶面逐渐呈臃肿状突起，叶背产生许多不规则的白色失绿斑块，叶片受害处正面表面呈泡状隆起，叶背下陷，逐渐扩大，在叶背下病斑凹陷处，密生一层很厚的毛毡状白色绒毛。后期叶背绒毛逐渐加厚，初为白色，随着叶片的生长，由白色变为茶褐色至深褐色，病斑大小不等，受害部位叶背凹陷，正面凸起，病斑边缘常被较大的叶脉限制，形成不规则大小不一的斑块。严重时，病叶叶面皱缩，表面凹凸不平，伸展不开，造成叶片早期萎缩变硬，枯焦脱落（图3-3）。

图3-3　葡萄瘿螨为害叶片症状

图3-4　葡萄瘿螨为害果实症状

（2）枝蔓受害　葡萄枝蔓常肿胀成瘤状，表皮龟裂。常缺少营养，影响葡萄抽枝发条。

（3）嫩梢、嫩果、卷须和花梗等受害　在嫩梢、嫩果、卷须和花梗上面也产生绒毛状物，使枝蔓生长衰弱，产量降低（图3-4）。

2.形态特征

（1）成螨　虫体很小，雌成螨体长0.1～0.3毫米、宽约0.05毫米，体白色或浅灰色。圆锥形，似胡萝卜。头胸背板具网状花纹，背中线长为背板长的1/3，略呈波纹状，亚背线数条，背毛瘤小，位于背板后缘前方，背毛长约0.019毫米。腹部细长，近头部有软足2对，腹部末端两侧各生1条细长刚毛。雄虫体略小。

（2）卵　椭圆形，直径约30微米，淡黄色。

（3）若螨　与成螨相似，体较小。

3.生活习性及发生规律

一年发生3代。以成螨群集在芽鳞片内茸毛处，或枝蔓的皮孔内、粗皮缝，被害叶片等处潜伏越冬。其中以枝蔓下部或一年生嫩枝芽鳞下茸毛上越冬害虫数量居多。翌年春季，随着葡萄芽萌动膨大时，开始活动为害，从芽内爬出。展叶后，迁移至嫩叶背面绒毛间潜伏，不侵入内部组织内，从叶内吸取养分，吸食汁液，刺激叶片绒毛增多。叶片受瘿螨刺激后，葡萄上表皮组织肥大变形，叶面绒毛呈现毛毡状物，对瘿螨具有保护作用，保护虫体进行为害。雌成螨在4月中下旬，开始产卵繁殖，以后若螨和成螨同时为害，最喜欢在幼嫩叶片上为害。严重时，嫩梢、卷须、果穗均能受害。葡萄缺节瘿螨一年中以5、6、7月和9月间活动旺盛，为害严重。盛夏常因高温多雨，对葡萄缺节瘿螨发育不利，虫口略有下降。进入10月中旬，开始潜入芽内越冬。

在高温干旱的气候条件下，发生为害更为严重。

4.防治妙招

（1）防止通过苗木传播　新购进的葡萄苗木或插条，必须认真检疫和消毒。在生长季节，对发生虫害的葡萄植株进行标记，不能从害虫为害的葡萄植株上采集用来繁育苗木的种条，以防止害虫传播。发现被害的枝蔓，立即剪掉，带出园外烧毁或深埋。

从有葡萄缺节瘿螨发生的地区引入苗木或插条时，必须进行温汤消毒或药剂消毒。先将苗木、插条放入30～40℃的热水中，浸5～7分钟，再移入不超过50℃的温热水中，浸泡5～7分钟，可以杀死鳞片中潜伏的葡萄缺节瘿螨。也可在3～5波美度的石硫合剂药液，或1%硫酸铜溶液中，浸蘸2分钟（苗木根部避免浸泡，防止苗木死亡）以后，再进行栽植，也有很好的防治效果。

（2）农业防治

① 抹芽　抹芽是葡萄园中一项重要的技术措施，直接关系到葡萄的产量和品质。由于葡萄缺节瘿螨的主要越冬部位在一年生葡萄枝条的冬芽鳞片内，所以，将抹去的葡萄芽带出葡萄园进行深埋，可降低葡萄缺节瘿螨害虫基数。抹芽的时间以葡萄芽萌发伸长到1厘米时最好，抹芽过早，芽太小，操作不方便。抹芽过晚，浪费葡萄树体养分。

② 定梢　抹芽后10～15天，如果天气稳定，短期内没有灾害性的气候影响，可以定梢，最终确定好留梢量。由于葡萄新梢的生长速度很快，超过葡萄缺节瘿螨的移动速度，而且新梢的叶片幼嫩，葡萄缺节瘿螨多在新梢下部叶片上发生为害，去掉的新梢要带出葡萄园。

③ 除萌蘖　葡萄植株下部的萌蘖，影响通风透光，造成下部郁闭，有利于葡萄缺节瘿螨的发生和发展。浇水时，葡萄缺节瘿螨随水进行传播扩散，所以除萌蘖也是防治葡萄瘿螨很有效的预防措施。

④ 摘心及副梢处理　葡萄缺节瘿螨在早春刚发生时，主要在新梢的下部叶片上。此时葡萄新梢的所有叶片都很幼嫩，葡萄缺节瘿螨很容易刺破叶片进行侵染。但葡萄瘿螨移动的速度很慢，在初期嫩叶充足的情况下，葡萄瘿螨转移得很少，此时葡萄新梢生长很快。所以，在上部叶片上基本见不到葡萄瘿螨。到7月上旬，葡萄瘿螨发生第二个高峰期时，葡萄下部叶片老化，角质层加厚，葡萄瘿螨很难侵染，转移去侵染上部幼嫩叶片。所以，在7月上旬第二个葡萄瘿螨高峰期时，虫苞大都在上部的幼叶上。此时，摘心和副梢处理的幼叶，都要带出葡萄园外，可以大大降低葡萄瘿螨的虫口基数。

⑤ 冬季修剪　由于葡萄特殊的结果习性，一般结果部位在枝条3～6节上。因此，以短梢修剪为主，对于降低葡萄瘿螨的虫口基数有很大的帮助。具体修剪方法：培养三主蔓扇形树体结构，每个主蔓上剪留4～5个枝组，每个枝组留3～5芽，尽量贴近主蔓，可以控制结果部位不发生外移。地面以上40厘米的高度范围内不留枝条，可

有效阻止葡萄瘿螨从土壤中传播，而且保证灌溉水接触不到枝条和叶片，对减轻葡萄瘿螨及其他病虫害的发生，起到积极有效的作用。

⑥ 清洁葡萄园　冬季修剪时，彻底清洁葡萄园。将枯枝、落叶等进行深埋沤肥，或收集起来烧毁。可以清除大多数葡萄瘿螨及其他病虫害越冬的场所。结合葡萄修剪，对植株再喷洒1次3～5波美度的石硫合剂。

> **注意**　在葡萄的生长季节，发现病叶，在发病初期，及时摘除病叶，并集中深埋或烧毁，防止进一步扩大蔓延。应该养成良好的果园卫生习惯，成为葡萄园长期坚持的一项常规技术措施。

（3）药剂防治

① 早春或修剪后喷石硫合剂　早春葡萄出土后，未发芽前，也可在早春萌芽呈绒球期，葡萄缺节瘿螨进入越冬后及早春活动前，全面细致喷布3～5波美度的石硫合剂，或45%晶体石硫合剂30倍液，喷洒枝干效果好，可杀死越冬瘿螨。秋季修剪后，结合清洁葡萄园，再喷施1次3～5波美度的石硫合剂。

② 生长期喷药　历年发病较重的葡萄园，在葡萄萌芽展叶期间，可在葡萄芽苞刚展叶时，进行喷药防治。发芽后用药较发芽前用药，效果更好。可喷布0.2～0.5波美度的石硫合剂，或50%硫悬浮剂300倍液，或45%晶体石硫合剂300倍液，或40%久效磷乳油1500倍液，或10.5%久效·氯氰乳油（虫螨敌）2000～3000倍液，或25%亚胺硫磷乳油1000倍液，或15%扫螨净乳油3000～4000倍液，或20%螨克乳油1000倍液，或73%克螨特乳油2500～3500倍液，或5%尼索朗乳油1600～2000倍液，或20%灭扫利（甲氰菊酯）乳油3000倍液，或2.5%喷雾功夫菊酯（氯氟氰菊酯）乳油1000～2000倍液等触杀性强的菊酯类农药喷雾，均有很好的防治效果。

抓住葡萄瘿螨发生的两个关键的高峰期进行施药，在高峰期前喷施药剂，可以起到事半功倍的效果，能够节约人力和物力。5月中旬，在田间发现零星的葡萄瘿螨虫苞时，可用11%的乙螨唑悬浮剂5000～7500倍液，或20%哒螨灵可湿性粉剂1500～2000倍液喷雾防治，一般结合杀菌剂，使用1～2次。当第二次发生高峰期（9月）来临之前，交替使用乙螨唑、哒螨灵进行有效的防治。

③ **药剂涂干**　发现有葡萄缺节瘿螨为害，在主干分支以下，用刷子涂药环，宽度约为主干直径的2倍，以药液不流淌为好。药涂好后，用塑料薄膜包严，一个月以后解除。

害虫为害盛期也可进行涂干，效果很好。

④ 其他化学药剂的使用

三、葡萄叶蝉

也叫葡萄浮尘子，在我国葡萄产区均有发生，主要为害葡萄叶片。

1.症状及快速鉴别

主要以成虫、若虫在叶背面为害，受害叶片正面发生灰白色斑点，虫口密度大时，可使整个叶面变为灰白色，影响光合作用和枝条的生长发育，降低葡萄果实品质（图3-5）。

图3-5　葡萄叶蝉为害症状

2.形态特征

（1）成虫　体长 4.6～4.8毫米，黄绿色或黄白色。可行走，善跳跃。雄虫红色，雌虫黑褐色。头部宽于前胸背板，复眼大。喙很长，端部膨大扁平。小盾片大，呈三角形，基部赭黄色，端部乳白色，两基侧角区各有1个黑色三角形斑纹，基部中央也有1个呈三角形或方形的黑色斑纹，上有1个肾形的小黑斑，小盾片端部乳白色，两侧各有1小黑点。前翅端前室3个。身体的腹面及足均为赭色。

（2）卵　长1毫米，最宽处0.3毫米。乳白色，长椭圆形，两头较细，顶端稍平，一侧平直，顶部有1白色棉絮状毛束。

（3）若虫　共5龄，第5龄体长5.1～5.4毫米，头宽1.6毫米，前胸背板宽1.4毫米。前胸背面具淡黄色纵中线，中线的两侧各有1个淡黄色小点，中胸背面有呈倒"八"字的淡黄色线纹，翅芽达腹部第3节。第1腹节背面中央有横置的半圆形黑褐色斑，第2腹节背面中央有1横置的长方形黑褐色斑，第3、4腹节背面中央黄白色，两侧黑褐色，第5腹节背面前部黄白色，其余黑褐色。足的腿节、胫节中部及爪为黑褐色，其余黄白色，常密生短细毛。

3.生活习性及发生规律

由于气候条件的不同，各地发生的时期及代数也不同。华北、华东地区一年发生2～3代，以成虫在落叶、杂草、砖石、土缝和墙缝内过冬，葡萄芽萌发时开始活动，展叶后即在叶背取食为害。成虫和若虫均以刺吸式口器为害。成虫会飞善跳，可以横向走动，喜在叶背面取食。

若虫爬行敏捷，受惊吓后很快逃跑。若虫多在叶背主脉两侧取食为害，经过几次蜕皮后，变为成虫。成虫在叶脉组织内或叶背茸毛下产卵，卵散产，孵化后，产卵处变为褐色。一年发生2代的地区，6月上旬出现第一代若虫，有的年份5月中旬即出现第一代若虫，6月中下旬发生第一代成虫；7月中旬发生第二代若虫，8月出现第二代成虫。一年发生3代的地区，5月上中旬发生第一代若虫，6月发生第一代成虫；7～8月发生第二代成虫，9～10月发生第三代成虫。上海、苏州一带，8～9月，虫口密度最大，为害最重。秋凉后成虫逐渐潜伏越冬。

温度高、通风不良、枝叶密闭的葡萄园及庭院棚架栽培的葡萄虫害发生严重，大田、篱架栽培的葡萄发生较轻。

4.防治妙招

（1）清园　清除落叶和杂草，消灭越冬成虫。

（2）生长期加强田间管理　加强土肥水管理，合理修剪，改善通风透光条件。

（3）**药剂防治**　抓住第一代幼虫和若虫发生期，及时进行喷药防治。一般在5月中、下旬葡萄展叶后喷施为宜，可喷吡虫啉2000～3000倍液，或溴氰菊酯（敌杀死）2000～2500倍液，或速灭杀丁2000倍液，或2.5%功夫菊酯乳油2500～3000倍液等触杀性强的菊酯类农药。隔5～7天，再喷1次，一般可控制害虫为害。

四、葡萄二星叶蝉

也叫葡萄小叶蝉、葡萄斑叶蝉、葡萄二点叶蝉、葡萄二点浮尘子，属同翅目、叶蝉科。我国各葡萄产区，均有发生和为害。寄主主要有葡萄、猕猴桃、苹果、梨、桃等果树和樱花等花木。

1.症状及快速鉴别

以成虫和若虫刺吸葡萄植株的新梢、嫩叶汁液。整个葡萄生长期均可为害，多在叶背面吸食汁液，被害叶面先呈现失绿的小白斑点。虫口密度较高为害严重时，叶面常有很多的小白点连成一片，形成白斑，使叶色苍白，以致焦枯，叶片提前早期脱落。二星叶蝉所产生的蜜露，直接影响叶片的光合作用（图3-6）。

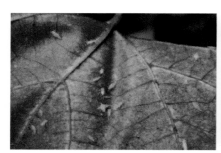

图3-6　葡萄二星叶蝉为害症状

2.形态特征

（1）**成虫**　体长2～2.5毫米，连同前翅3～4毫米。全身淡黄白色，复眼黑色，头顶上有2个黑色圆斑。前胸背板前缘有3个圆形小黑点。小盾板两侧各有1个三角形黑斑。有的翅上有淡褐色斑纹（图3-7）。

（2）卵　长0.2毫米，黄白色，长椭圆形，稍弯曲。

（3）若虫　体长0.2毫米。初孵化时，白色，后变为黄白或红褐色（图3-7）。

图3-7　成虫及若虫

3.生活习性及发生规律

在河北北部一年发生2代，山东、山西、河南、陕西一年发生3代。以成虫在葡萄园杂草丛、落叶下、土缝、石缝等处越冬。翌年3月葡萄未发芽时，在气温较高的晴天，成虫即开始活动，先在小麦、毛叶苕子等绿色植物上为害，葡萄展叶后即转移到葡萄上为害。喜在叶片背面活动，在叶背叶脉两侧表皮下或绒毛中产卵。第一代若虫发生期在5月下旬～6月上旬，第一代成虫在6月上中旬，以后世代重叠交叉。第二代若虫大体集中在7月上旬～8月初，第三代若虫集中在8月下旬～9月中旬，9月下旬出现第三代越冬成虫。葡萄二星叶蝉喜荫蔽处，受惊扰后常跳跃飞走。

地势潮湿，杂草丛生，葡萄副梢处理不当，通风透光不良的葡萄园，受害重。葡萄品种之间也有一定的差别，一般叶背面绒毛少的欧洲种葡萄，受害重；叶背面绒毛多的美洲种葡萄，受害轻。

4.防治妙招

（1）清园　秋后或冬季彻底清理葡萄园内的落叶和杂草，集中销毁。结合秋施基肥，进行土壤深翻，消灭越冬害虫。

（2）夏季加强栽培管理　在葡萄生长期及时摘心、整枝、中耕、锄草，处理好葡萄副梢，保持良好的通风透光条件，可减轻害虫为害。

（3）药剂防治　第一代若虫发生期，害虫发生比较整齐，掌握好这一最佳防治时机，进行喷药防治。可用80%敌敌畏乳油1500倍液，或90%敌百虫1500倍液，或50%辛硫磷乳油2000倍液，或50%马拉硫磷乳油2000倍液，或50%杀螟硫磷乳油2000倍液等药剂，均匀喷雾。

7～9月害虫大发生时，结合防治白粉虱，可喷施赛虫净1500～2000倍液，或4.5%氯氰菊酯乳油2000～3000倍液等药剂。

五、斑衣蜡蝉

也叫椿皮蜡蝉、斑衣、红娘子、樗鸡等，民间俗称花姑娘、椿蹦、花蹦蹦、花大姐。是一种药用昆虫，虫体晒干后可入药，称为"樗鸡"，属同翅目、蜡蝉科，我国南、北方均有分布。在生长发育过程中，体色变化很大，小若虫时，体黑色，上面具有许多小白点；大龄若虫最漂亮，通红的身体上有黑色和白色斑纹。成虫后翅基部红色，飞翔时特别鲜艳。成虫、若虫均会跳跃，可在多种植物上取食活动，尤其喜欢臭椿。

1.症状及快速鉴别

以成、若虫群集在葡萄叶背、嫩梢上为害，刺吸葡萄枝、叶片的汁液，造成葡萄嫩梢萎缩，畸形等，削弱葡萄生长势，严重影响葡萄植株的生长发育。严重时，可引起葡萄枝条表皮枯裂，甚至造成枝条死亡。斑衣蜡蝉的排泄物常诱致煤污病的发生（图3-8）。

斑衣蜡蝉栖息时，头翘起，有时可见数十头群集在新梢上，排列成一条直线。

图3-8　斑衣蜡蝉成、若虫刺吸汁液为害

2.形态特征

（1）成虫　体长15～20毫米，翅展40～50毫米，全身灰褐色。前翅革质，基部约2/3为淡褐色，翅面有约20个黑点，端部约1/3为深褐色。后翅膜质，基部鲜红色，具有黑点，端部黑色，体翅表面附有白色蜡粉。雄虫较雌虫小，暗灰色；翅膀颜色偏蓝为雄性，翅膀颜色偏米黄色为雌性（图3-9）。

（2）卵　长椭圆形，似麦粒状，褐色，长3～5毫米。背面两侧有凹入线，使中部形成一长条隆起。卵粒排列成行，数行排列成块，每块有卵数十粒，上覆灰色土状分泌物，被有褐色蜡粉。

（3）若虫　体形与成虫相似，体扁平，头尖长，足长。初孵若虫白色，1～3龄后体黑色，布许多白色斑点，4龄后体背面红色，布黑白相间的黑色斑纹和白点。体侧有明显的翅芽，末龄若虫体长6.5～7毫米（图3-9）。

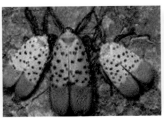

图3-9　成虫及若虫

3.生活习性及发生规律

斑衣蜡蝉一年发生1代。以卵块在枝干上或附近的建筑物上越冬。翌年4～5月卵陆续孵化，5月上旬为孵化盛期。若虫喜群集嫩茎和叶背为害，若虫期约60天，脱皮3～4次，6月中下旬～7月羽化为成虫，成虫喜在干燥炎热处。8月中旬开始交尾产卵，多产在树枝分叉处的阴面，或树干的南方。一般每个卵块有卵40～50粒，数量多时可达100余粒，卵块排列整齐，覆盖白蜡粉。

成虫、若虫均有群栖性，多在白天活动为害。斑衣蜡蝉较活泼，飞翔力较弱，但善于跳跃，幼虫稍受惊扰即跳跃离去，成虫以跳助飞。成虫寿命可达4个月，为害至10月下旬，然后陆续死亡。

4.防治妙招

（1）除灭卵块　害虫严重发生的地区，可结合冬季冬剪，人工摘除、刮除或刷除树干上的斑衣蜡蝉越冬卵块。

（2）禁止种植臭椿　斑衣蜡蝉以臭椿为原寄主，在葡萄园周围不要种植臭椿，更不能作防护林。

（3）药剂防治　结合防治其他害虫，可喷洒常用的菊酯类、有机磷等及其复配药剂。在斑衣蜡蝉若虫、成虫发生期，可用溴氰菊酯（敌杀死）2000～2500倍液，或速灭杀丁2000倍液，或2.5%功夫菊酯乳油2500～3000倍液等触杀性强的菊酯类农药。或50%辛硫磷乳油2000倍液等药剂，喷雾防治；隔5～7天，再喷1次，一般可控制害虫为害。

提示　由于斑衣蜡蝉虫体特别是若虫被有蜡粉，所用药液中，如果混用含油量0.3%～0.4%的柴油乳剂，可显著提高防治效果。

（4）保护天敌　保护和利用若虫的寄生蜂等天敌，进行生态防治。

六、葡萄长须卷蛾

属鳞翅目、卷蛾科，主要分布在黑龙江、吉林、辽宁，寄主为葡萄、棠梨、茶、油桐、大豆等。

1.症状及快速鉴别

幼虫卷缀叶片，如筒状，害虫在被卷的叶片中蚕食为害（图3-10）。

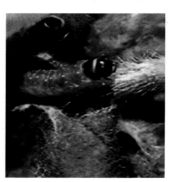

图3-10　葡萄长须卷蛾幼虫为害状

2.形态特征

（1）成虫　体长6～8毫米，翅展18～25毫米。头黄褐色，下唇须很长，向前伸出。前翅黄至淡黄色，具光泽。基斑、中带、端纹褐或深褐色，中带从前缘1/3处斜伸至后缘1/2处，端纹较宽大，外缘界限不清，外缘区呈黄褐或褐色带。后翅褐色（图3-11）。

（2）幼虫　体长18～26毫米，淡绿色。头黑褐色，背线深褐色，背线两侧每节各有2个暗色毛瘤（图3-11）。

（3）蛹　长7～8毫米，纺锤形，红褐或褐色（图3-11）。

图3-11　葡萄长须卷蛾成虫、幼虫及蛹

3. 生活习性及发生规律

东北地区一年发生1代。以幼龄幼虫在地表落叶、杂草等覆盖物下结茧越冬。4～5月葡萄萌芽后，越冬幼虫陆续出蛰，爬到葡萄芽、叶片上取食为害，低龄时多在新梢顶部幼叶簇中吐少量丝，潜伏其中为害，稍大后便吐丝卷叶为害。食料不足时，常转移为害。至6～7月间陆续老熟，在卷叶内结茧化蛹，蛹期5～15天。成虫发生期为6月中旬～8月上旬，成虫昼伏夜出，羽化后不久即交配、产卵。卵多产在叶片上，每个雌成虫产卵量150～250粒，卵期8～15天。幼虫孵化期为6月下旬～8月中旬，孵化后，经过一段时间的取食，便陆续潜入越冬场所，结茧越冬。

4. 防治妙招

（1）摘除卷叶　幼虫卷叶后，可摘除被卷的葡萄卷叶，消灭幼虫。

（2）药剂防治　成虫产卵盛期或幼虫孵化盛期，可喷洒21%灭杀毙乳油4000倍液，或30%氧乐氰乳油3000倍液，或20%氰戊菊酯乳油3000倍液，或50%马拉硫磷乳油1000倍液，或20%氯·马乳油

3000倍液，或10%天王星乳油6000～8000倍液等药剂，药剂应交替使用。

七、葡萄天蛾

也叫车天蛾，属鳞翅目、天蛾科。

1.症状及快速鉴别

幼虫取食葡萄叶片，呈缺刻或孔洞。高龄害虫可将叶片食光，仅残留叶柄（图3-12）。

图3-12　葡萄天蛾为害状

2.形态特征

（1）成虫　体长约45毫米，翅展约90毫米，体肥大，呈纺锤形。翅背面色暗，呈茶褐色；腹面色淡，近土黄色。体背中央从前胸到腹端有1条灰白色纵线，复眼后至前翅基部有1条灰白色较宽的纵线。复眼球形，较大，暗褐色。触角短栉齿状，背侧灰白色。前翅各横线均为暗茶褐色，中横线较宽，内横线次之，外横线较细，呈波纹状，前缘近顶角处有1暗色三角形斑，亚外缘线呈波状，较外横线宽。后翅周缘棕褐色，中间大部分为黑褐色，缘毛稍红色。翅中部和外部各有1条暗茶褐色横线，翅展开时前、后翅两线相接，外侧略呈波纹状（图3-13）。

（2）卵　球形，直径约1.5毫米，表面光滑。初为淡绿色，孵化前呈淡黄绿色。

（3）幼虫　老熟时，体长约80毫米，绿色，背面颜色较淡。体表布有横条纹和黄色颗粒状小点。头部有2对近于平行的黄白色纵线。胸足红褐色，基部外侧黑色，端部外侧白色，基部上方各有1黄色斑点（图3-13）。

（4）蛹　体长49～55毫米，长纺锤形。初为绿色，逐渐背面呈棕褐色，腹面暗绿色（图3-13）。

图3-13　葡萄天蛾成虫、幼虫及蛹

3.生活习性及发生规律

一年发生1～2代。以蛹在表土层内越冬。翌年5月底～6月上旬开始羽化，6月中、下旬为羽化盛期，7月上旬为羽化末期。成虫白天潜伏夜晚活动，有趋光性，在葡萄株间飞舞。多在傍晚交配，交配后24～36小时产卵，卵多产于叶背或嫩梢上，单粒散产。每雌虫一般可产卵400～500粒。成虫寿命7～10天。6月中旬田间始见幼虫，初龄幼虫体绿色，头部呈三角形，顶端尖，尾角很长，端部褐色。孵化后不食卵壳，多于叶背主脉或叶柄上栖息，夜晚取食，白天静伏。栖息时，以腹足抱持葡萄枝条或叶柄，头胸部收缩稍扬起，后胸和第一腹节显著膨大。受触动时，头胸部左右摆动，口器分泌出绿水。幼虫活动迟缓，一个枝的叶片食光后，再转移到邻近的枝条为害。幼虫期40～50天。7月下旬开始，陆续老熟入土化蛹，蛹期10余天。8月上旬开始羽化，8月中、下旬为盛期，9月上旬为末期。8月中旬田间可见第二代幼虫为害，至9月下旬老熟入土化蛹越冬。

4.防治妙招

（1）物理防治　利用天蛾成虫的趋光性，在成虫发生期，用黑光灯、频振式杀虫灯等诱杀成虫。结合葡萄冬季埋土防寒和春季出土，挖除越冬蛹。

（2）生物防治　幼虫3龄前，可施用含量为16000单位/毫克的BT可湿性粉剂1000～1200倍液，天蛾幼虫中毒后，在树上慢慢死亡腐烂，不直接下落到地面，既保护各种天敌，又防止污染环境。

（3）药剂防治　3～4龄前的幼虫，可喷施20%除虫脲悬浮剂3000～3500倍液，或25%灭幼脲悬浮剂2000～2500倍液，或20%米满（虫酰肼）悬浮剂1500～2000倍液等仿生农药。

虫口密度大时，可喷施50%辛硫磷2500倍液，或2.5%功夫菊酯乳油2500～3000倍液，或2.5%溴氰菊酯2000～3000倍液等药剂，均有较好的防治效果。

八、葡萄虎蛾

也叫葡萄虎斑蛾、葡萄修虎蛾、老虎虫等，属鳞翅目、虎蛾科、虎蛾属，分布于黑龙江、辽宁、河北、山东、河南、山西、湖北、江西、贵州、广东等地。幼虫食害葡萄、常春藤、爬山虎等叶片。

1.症状及快速鉴别

幼虫取食叶肉，将叶片吃成缺刻或孔洞。严重时，将上部嫩叶吃光，仅残留叶柄和粗叶脉（图3-14）。

图3-14　幼虫为害

2.形态特征

（1）成虫　体长18～20毫米，翅展44～47毫米，头胸部紫棕色，腹部杏黄色。前翅灰黄色，带紫棕色散点，后翅杏黄色（图3-15）。

（2）幼虫　虫体前端较细后端较粗，第8腹节稍有隆起。头部桔橘黄色，有黑色毛片形成的黑斑，体黄色散生不规则的褐斑，毛突褐色（图3-15）。

（3）蛹　长16～18毫米，暗红褐色，体背、腹面满布微刺。

图3-15　成虫及幼虫

3.生活习性及发生规律

一年发生2代。以蛹在葡萄根部及葡萄架下的土壤内越冬。翌年5月羽化为成虫，傍晚和夜间交尾并产卵，卵散产在葡萄叶片及叶柄等处。6月中下旬幼虫孵化，发生第一代幼虫，幼虫常将叶片吃成孔洞，大龄幼虫将叶片吃成大缺刻或将叶片吃光。7～8月发生第二代成虫，8～9月发生第二代幼虫，9～10月以老熟幼虫入土作茧化蛹越冬。

4.防治妙招

（1）消灭越冬蛹　在北方埋土防寒的地区，在秋末和早春，结合葡萄的埋土防寒和出土上架，捡拾越冬蛹，进行消灭。冬剪下来的枝叶集中烧毁。

（2）灭杀幼虫　结合田间管理，利用幼虫白天静伏叶背的习性，进行人工捕杀幼虫。

（3）药剂防治　春季葡萄芽萌动，有少数芽露绿时，可喷0.5波美度的石硫合剂。在发生量大的地区，可喷80%敌敌畏乳油1500倍液，或90%敌百虫1000倍液，或20%氰戊菊酯菊酯乳油4000～5000倍液，或速灭杀丁乳油2000倍液等高效低毒的菊酯类农药。

九、葡萄蓟马

也叫葡萄烟蓟马、棉蓟马、瓜蓟马，属缨翅目、蓟马科，在我国葡萄产区分布广泛，是严重为害葡萄的一种害虫，造成葡萄的减产和质量的大幅度下降。近年来，为害有日益增重之势，局部地区或葡萄园，已经受到严重的为害，一般被害株率达85%，果穗受害率67%。发生严重的葡萄园，被害株率达100%，果穗受害率达75%以上。不仅为害葡萄，还可为害苹果、李、梅、柑橘等果树。

1. 症状及快速鉴别

若虫和成虫以锉吸式口器吸食葡萄芽、嫩叶、花蕾、幼果、枝蔓和新梢表皮的汁液，受害部位出现细密的失绿小斑点。

（1）幼果受害　幼果受害初期，当时不变色，到第二天被害部位失水干缩，果皮出现黑点，果面上形成纵向的黑斑，使整穗果粒呈现黑色，以后被害部位随着果粒的增大而扩大，果面形成纵向黄褐色木栓化锈斑，影响葡萄果粒外观，降低商品价值，严重时，会引起葡萄裂果。葡萄成熟期易霉烂，降低葡萄的商品价值（图3-16）。

图3-16　葡萄蓟马及为害果实症状

（2）叶片受害　嫩叶受害后，被害部位先出现略呈水渍状黄点或褪绿的黄斑，后叶片变小，卷曲畸形，甚至干枯，有时还可出现不规则穿孔或破碎（图3-17）。

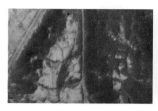

图3-17　葡萄蓟马为害叶片症状

（3）新梢受害　新梢生长受到抑制。

2.形态特征

（1）成虫　成虫分长翅型、半长翅型和短翅型。体小，暗黄色，胸部有暗灰斑。前翅灰黄色，长而窄，翅脉少，翅缘毛长。长翅型成虫翅较长，半长翅型成虫翅长仅达腹部第5节，短翅型成虫翅略呈长三角形的芽状（图3-18）。

图3-18　葡萄蓟马成虫

（2）卵　肾形，乳白至乳黄色。
（3）若虫　体色乳青或乳黄，体表有横排隆起的颗粒。
（4）蛹　体淡黄色，有翅芽为淡白色。蛹块羽化时，呈褐色。

3.生活习性及发生规律

蓟马喜干燥条件，在低洼窝风、干旱的葡萄园发生多。一年中5～7月份的降雨，对蓟马发生程度影响较大，干旱少雨有利于害虫发生。一般春季发生数量高于夏、秋季。在缺水缺肥、树势衰弱条件下，受害重。

蓟马成虫行动迟缓，多在葡萄叶片反面为害，造成不连续的银白色食纹并伴有虫粪污点，叶正面相对应的部分呈现黄色条斑。成虫在取食处的叶肉中产卵，对着阳光透视可见针尖大小的白点。

4.防治妙招

（1）清园　清理葡萄园杂草，烧毁枯枝败叶，保持园内整洁。初秋和早春集中消灭在葱蒜上为害的蓟马，减少虫源。

（2）药剂防治　葡萄开花前或初花期是防治害虫的关键时期。在开花前1～2天，可喷10%吡虫啉2000～3000倍液，或5%狂刺5000倍液，或10%联苯菊酯3000倍液，或50%马拉硫磷乳剂800倍液，或40%硫酸烟碱800倍液，或2.5%鱼藤精800倍液等药剂，均有较好的防治效果。

（3）庭院葡萄喷高效低毒的杀虫剂　可用溴氰菊酯（敌杀死）2000～2500倍液喷雾防治。喷药约过5天后细致检查，如果发现虫情仍然较重，立即进行第二次喷药。

（4）生物防治　保护和利用小花蝽、姬猎蝽等害虫天敌，可有效控制蓟马的为害。

十、金龟子

为害葡萄的金龟子种类很多，常见的有苹毛金龟子、东方金龟子、铜绿金龟子、大黑金龟子、白星花金龟子、四纹丽金龟子和豆蓝金龟子等。幼虫叫蛴螬，生活在土中为害树根。成虫叫金龟子，食性很杂，除为害葡萄外，还为害多种果树和林木（图3-19）。

1.症状及快速鉴别

幼虫生活在土中，主要为害苗期植株根部；成虫咬食叶片呈网状孔洞或缺刻状，严重时仅剩主脉，群集为害时更为严重。苹毛金龟子、东方金龟子、铜绿金龟子、大黑金龟子、四纹丽金龟子主要为害葡萄叶片；小青花金龟子为害花器、幼芽和嫩叶；白星花金龟子主要为害葡萄近成熟果粒，秋季常群集为害果实，成熟的伤果上常数头群集为害（图3-20）。

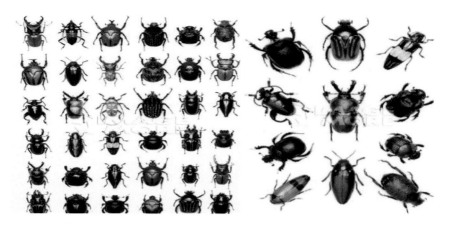

图3-19　金龟子类

图3-20　金龟子为害叶片及果实症状

2.形态特征

（1）苹毛金龟子　也叫长毛金龟子。成虫体长10毫米，头和胸部背面紫铜色，上有刻点，前腹部两侧有黄白色的毛丛，鞘翅茶褐色、半透明、有光泽。后翅折叠形成"V"字形，腹端露出鞘翅之外。

（2）东方金龟子　也叫黑绒金龟子。成虫体长6～8毫米，黑色或黑褐色，无光泽，体上布满极短、极密的绒毛。

（3）铜绿金龟子　也叫铜绿丽金龟子、青金龟子。成虫体长18～20毫米，头和胸部背面深绿色，胸背板两侧淡黄色，鞘翅铜绿色，有光泽，雌虫腹部末端腹面淡黄色，雄虫褐色。

（4）白星花金龟子　成虫体长22毫米，灰黑至黑褐色，具有绿色或紫色光泽，头部前缘稍向上翻，前翅上有10多个白斑，前胸背板或鞘翅上布满许多小刻点。

（5）四纹丽金龟子　也叫日本金龟子，成虫体长10～12毫米，体宽6～7毫米，上下扁平，有金属色反光，头部、前胸、小盾片、足、腹部浓绿色，鞘翅黄褐色或淡紫铜色，外缘黑绿色，鞘翅有纵向隆背，腹部末端较尖露出鞘翅外面，臀板上有两撮圆形白色毛丛，腹节两侧各有5块白色毛丛（图3-21）。

图3-21　四纹丽金龟子成虫、幼虫

3.生活习性及发生规律

华北地区一般2～3年发生1代，以幼虫在葡萄树干内蛀虫道越冬。翌年3～4月幼虫恢复活动，在树干皮层下和木质部钻成不规则的隧道。成虫在5～8月间出现，各地成虫出现期从南向北依次推迟，福建和南方各省在5月下旬成虫大量出现，湖北在6月上中旬成虫出现最多，河北成虫在7月上中旬大量出现，山东成虫在7月上旬～8月中旬出现，北京7月中旬～8月中旬为成虫出现盛期。成虫常在傍晚至晚上10时咬食叶片或果实最盛。

4.防治妙招

（1）**人工捕杀** 成虫在白天为害果实，数头聚在果实上的坑洞内，有利于人工捕杀。在白天活动时，假死性不明显，一旦惊落地面后，会立即飞翔逃走，在人工捕杀时，应乘其取食为害之际，迅速用塑料袋将害虫连同葡萄果实套进袋内，全部杀死。

（2）**糖醋液诱杀** 根据金龟子成虫对糖醋液趋性强的特点，进行诱杀。糖醋液配制按照酒∶水∶糖∶醋比例为1∶2∶3∶4，再加入适量的敌百虫，装入黄色或深色的罐头瓶内，在害虫为害期悬挂在树上，每667平方米放置约10个瓶。

> **注意** 糖醋液要定期加水，防止瓶内药液挥发变干。

（3）**黑光灯诱杀** 利用成虫趋光性，采用黑光灯和高压水银灯，进行灯光诱杀。

（4）**药剂防治** 在成虫为害盛期，可用90%的敌百虫800～1000倍液，或50%的敌敌畏乳油1000倍液，或20%的灭多威2000倍液等药剂喷雾。在傍晚喷洒葡萄叶片、树体和树盘土壤，防治效果可达90%以上。

十一、十星瓢虫

也叫十星叶蝉、金花，属鞘翅目、瓢虫科，在我国陕西、辽宁、山东、河北、湖北、浙江、广东、福建等省葡萄栽培区普遍发生。"星"的数量不同，瓢虫的种类不同，多数种类大都吃蚜虫和介壳虫。吃蚜虫等害虫的瓢虫，称为瓢虫益虫。益虫主要有二星瓢虫、六星瓢虫、七星瓢虫、十二星瓢虫、十三星瓢虫、赤星瓢虫、大红瓢虫等。

益虫无论是幼虫还是成虫，都能吃蚜虫等害虫。瓢虫害虫主要有十星瓢虫、十一星瓢虫、二十八星瓢虫等。

1.症状及快速鉴别

以成虫及幼虫咬食葡萄植株嫩芽、叶片。叶片常被咬成孔洞或缺刻状。严重时，叶肉全部吃光，仅留叶脉。主要取食葡萄、野葡萄及五敛莓等植物。（图3-22）。

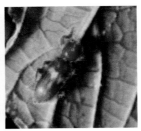

图3-22　成虫及幼虫为害叶片

2.形态特征

成虫体长9～14毫米，宽7～9.8毫米。体呈卵圆形，黄褐色。头部有细小而稀的刻点。触角短，第1节粗，末端3～4节呈黑色。每个鞘翅上有5个椭圆形黑斑。复眼黑色，内侧凹入处，各有1淡黄色点。触角褐色，口器黑色，上额外侧为黄色。前胸背板黑色，小盾片黑色，鞘翅红色或橙黄色，两侧共有7个黑斑。体腹及足黑色（图3-23）。

图3-23　十星瓢虫成虫及幼虫

3.生活习性及发生规律

一般北方每年发生1代，南方可发生2代。以卵黏结成块状在葡萄枯枝落叶层下过冬。翌年5～6月间孵化。成虫及幼虫均取食叶片，使叶片呈孔洞或缺刻状，或将叶片吃光，只留下叶脉。幼虫老熟后钻入土中筑室化蛹。成虫羽化后，迁至葡萄等寄主上为害。

4.防治妙招

（1）清园　将剪下的葡萄枯枝败叶及剥掉的老翘皮，带出葡萄园外，集中烧毁或深埋。

（2）保护天敌　在蛹期少喷药，保护和利用寄生蜂、寄生蝇等天敌。

（3）人工捕杀　利用幼虫假死性和吐丝坠落的习性，进行人工捕杀。

（4）药剂防治　为害严重时，可喷90%的敌百虫，或敌敌畏800～1000倍液等药剂，防治效果较好。

十二、绿盲蝽

也叫花叶虫、小臭虫、棉青盲蝽、青色盲蝽、破叶疯、天狗蝇等，是一种杂食性害虫。以成虫、若虫刺吸葡萄叶片花序、幼果的汁液为害，为害严重，近年来已成为葡萄上的主要害虫之一。

1.症状及快速鉴别

（1）叶片受害　被害幼叶最初出现细小黄白色斑点，后逐渐扩大成片。叶片长大后，形成无数孔洞，孔边有一圈黑纹，叶缘残缺破烂。严重时，叶片扭曲皱缩畸形。与葡萄黑痘病为害症状相似（图3-24）。

（2）腋芽、生长点受害　造成葡萄腋芽丛生，甚至全叶早落。

（3）花序受害　可导致葡萄花蕾枯死脱落。为害严重时，花序变黄，停止发育，花蕾几乎全部脱落，严重影响葡萄的产量。

（4）幼果受害　有的出现黑色坏死斑，有的出现隆起的小瘤。果肉组织坏死，大部分受害果脱落，严重影响葡萄产量。

图3-24　绿盲蝽为害叶片症状

2.形态特征

（1）成虫　体长约5毫米，绿色，前胸背板深绿色，上有小的刻点，前翅革质，大部分为绿色，膜质部分为淡褐色（图3-25）。

（2）卵　长约1毫米，长口袋形，黄绿色，无附着物。

（3）若虫　分5龄，与成虫相似。初孵时绿色，复眼桃红色。2龄黄褐色，3龄出现翅芽，4龄翅芽超过第1腹节，2、3、4龄触角端和足端黑褐色，5龄后全体鲜绿色，密被黑色细毛，触角淡黄色，端部色渐深，眼灰色，足淡绿色（图3-25）。

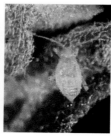

图3-25　绿盲蝽成虫及若虫

3.生活习性及发生规律

每年可发生3～7代，由南向北发生代数逐渐减少。在大部分地区，以卵在杂草茎组织内越冬；少数地区以成虫在杂草间、葡萄树皮裂缝及枯枝落叶等处越冬。

翌春3～4月旬均温大于10℃或连续5日均温达11℃，相对湿度高于70%，卵开始孵化。成虫寿命长，产卵期30～40天，发生期不整齐。成虫飞行力强，有趋光性，喜食花蜜，羽化后6～7天开始产卵。非越冬代卵多散产在葡萄嫩叶、茎、叶柄、叶脉、嫩蕾等组织内，外露黄色卵盖，卵期7～9天。若虫取食有趋嫩性。

主要天敌有捕食性蜘蛛、寄生螨、草蛉以及卵寄生蜂等，以点脉缨小蜂、盲蝽黑卵蜂、柄缨小蜂3种寄生蜂的寄生作用最大，自然寄生率可达20%～30%。

4.防治妙招

（1）早春及时清除葡萄园内杂草　收割绿肥时，不留残茬。翻耕绿肥时，全部埋入地下。减少转移的害虫量和越冬卵，可减少早春虫口基数。

（2）药剂防治　在葡萄新梢长到6～7片叶时，可喷洒1次50%敌敌畏乳油1000倍液，或10%吡虫啉可湿性粉剂2000倍液，进行预防。

为害严重时，在3月下旬至4月上旬越冬卵孵化期，4月中、下旬若虫盛发期及5月上、中旬谢花后3个关键时期，可用20%氰戊菊酯乳油2500倍液，或10%除尽乳油2000倍液喷雾；或4.5%的高效氯氰菊酯乳油2500倍液＋5%啶虫脒乳油3000倍液混合喷施，进行有效防治。

> **提示**　由于绿盲蝽白天一般在树下杂草及行间作物上潜伏，夜晚上树为害。因此，喷药要做到树上、树下都要喷到。

十三、葡萄瘿蚊

属双翅目、瘿蚊科。华北各省均有分布，是为害葡萄新发现的一种害虫，可为害葡萄、山葡萄、梨、桃等。

1.症状及快速鉴别

葡萄落花后，葡萄瘿蚊幼虫蛀入小幼果内为害。幼虫在幼果内蛀食，不同葡萄品种，被害症状表现不同。龙眼、巨峰等葡萄品种落花后，被害果粒开始生长加快、迅速膨大，较未受害的正常果粒果个大4～5倍；花后10天，比正常果粒大1～2倍。到6月下旬，被害果粒直径8～10毫米时，便停止生长，一直到果实采收，也不再长大。果粒呈扁圆形，果顶略凹陷，浓绿色，有光泽，萼片和花丝均不脱落，果梗较细，果蒂不膨大，果顶略陷，颜色不一，多呈深绿或红褐色，多数不能形成正常的种子，没有任何经济价值。但早红等葡萄品种，被害果同正常健果无明显差异，到后期被害果粒稍小，幼虫在被害果内化蛹及羽化，果面有圆形羽化孔，蛹壳半端露于羽化孔外。果内充满虫粪，多数不能食用（图3-26）。

图3-26　葡萄瘿蚊为害果实症状

2.形态特征

（1）成虫　体长3毫米，暗灰色，被淡黄短毛。头较小，复眼大，黑色，两眼上方接合。触角细长丝状，14节，各节周生细毛。雄虫触角较身体略长，雌虫较身体略短，末节球形。中胸发达，翅1对，膜质透明，略带暗灰色疏生细毛，仅有4条翅脉，后翅特化为平衡棒，淡黄色。足细长，各节粗细相似，胸节5节，腹部可见8节。雄成虫较细瘦，外生殖器呈钩状，略向上翘；雌成虫腹部较肥大，末端呈短管状，产卵器褐色针状，腹节长（图3-27）。

（2）幼虫　体长3～3.5毫米，乳白色。肥胖，略扁，胴部12节，胸部较粗大，向后渐细，末节细小，圆锥状。两端略向上翘，呈舟状。头部和体节区分不明显，仅前端有1对暗褐色齿状突起，齿端各分2叉。前胸腹面剑骨片呈剑状，前端与头端齿突相接。气门圆形，9对，生在前胸和1～8腹节（图3-27）。

（3）蛹　为裸蛹，长3毫米，纺锤形。初为黄白色，渐变为黄褐色，近羽化时头、翅、足均为黑褐色。头顶有1对齿状突起，复眼间近上缘有1个较大的刺突，下缘有3个较小的刺突。触角与翅等长，伸到第3腹节前缘。前后足可伸至第5腹节前缘，中足可伸至第4腹节后缘。腹部背面可见8节，2～8节背面均有许多小刺，腹部末端两侧各具较大的刺2～3个。

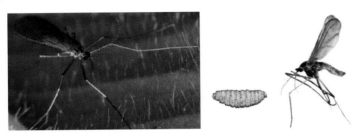

图3-27　葡萄瘿蚊成虫及幼虫

3.生活习性及发生规律

在葡萄上一年只发生1代。葡萄显花序及花蕾膨大期，越冬代成虫开始产卵，产卵器刺破葡萄花蕾顶部，将卵产于子房内，北方成虫产卵期集中发生在5月中、下旬，正是山楂、洋槐初花期，卵期10～15天。葡萄花期幼虫孵化，在幼果内为害。20～25天后老熟，在果内化蛹，蛹期5～10天。羽化时借蛹体蠕动顶破果皮，呈1圆形羽化孔，羽化孔多在葡萄果实中部，蛹体露出一半羽化，蛹壳残留在羽化孔处；有的蠕动过强，蛹体落地后羽化。羽化后成虫爬到僻静处栖息1～3小时后即可飞行。7月初为羽化初期，7月上中旬为羽化盛期，此后发生情况不整齐。成虫白天活动，飞翔力不强。在葡萄幼果期，成虫在果粒上产卵，每个葡萄果粒只产1粒卵，每一果粒内只有1头幼虫。产卵比较集中，产卵果穗上的葡萄果粒上多数都有虫卵，葡萄架的中部果穗着卵较多。

品种之间受害程度有差异。郑州早红、巨峰、龙眼等葡萄品种，受害较重；保尔加尔、葡萄园皇后、玫瑰香等葡萄品种次之。

4.防治妙招

（1）人工防治　葡萄幼果期至成熟前，即在成虫羽化前，检查葡萄果穗，发现被害严重，彻底摘除被害果穗，集中处理，消灭其中的幼虫、卵和蛹，为经济有效的防治措施。如果认真坚持进行2～3年，基本上可控制和消灭害虫的为害。

（2）药剂防治　害虫发生量大时，在葡萄开花前成虫初发期，可用40%水胺硫磷乳油1000倍液＋5%氯氰菊酯1500倍液喷雾，或两者单独交替使用；也可用2.5%敌杀死乳油2500倍液等药剂喷雾，均有良好的防治效果，可控制害虫的为害。

（3）套袋　有条件的在成虫出现前（山楂或洋槐开花前），可用塑料薄膜袋或废纸袋，进行葡萄花序套袋，阻止成虫产卵。葡萄开花时取掉套袋，效果极佳。

十四、葡萄吸果夜蛾

属鳞翅目，夜蛾科。可为害葡萄、苹果、梨、柑橘等多种果树。全世界约有100种以上，我国已发现50余种。

1.症状及快速鉴别

成虫利用尖锐的口器，在葡萄果粒上刺有针头大的小孔，刺入果粒内吸取果实的汁液。被害果粒以刺孔为中心，果面渐变红色，后整个葡萄果粒变红色，被害部位凹陷逐渐溃烂，造成葡萄果实腐烂和落果。在葡萄果实采摘之前，如果果实被刺吸汁液，在贮藏运输过程中，就会很快造成葡萄果粒腐烂（图3-28）。

 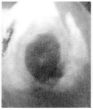 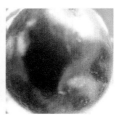

害虫果面刺孔　　　以刺孔为中心果　　整果腐烂，最后脱落
　　　　　　　　　面变为红色

图3-28　葡萄吸果夜蛾为害状

2.种类及形态特征

根据成虫口器构造和食性可分为两类：一是口喙端部坚硬锐利，具倒刺，能穿刺果皮直接为害健果，也可为害腐坏的葡萄烂果，常见种类有嘴壶夜蛾、鸟嘴壶夜蛾、枯叶夜蛾、落叶夜蛾、艳叶夜蛾、彩肖金夜蛾、桥夜蛾、小造桥虫等；二是口喙端部柔软，不具倒刺，只能在葡萄果实伤口或腐烂部分刺吸为害，主要种类有旋目夜蛾和蚪目夜蛾等。

我国以嘴壶夜蛾、鸟嘴壶夜蛾和枯叶夜蛾发生较为普遍，而且为害严重。

（1）嘴壶夜蛾　在东南和华中广大的葡萄栽培地区，发生量占70%以上。成虫体长16～19毫米，翅展34～40毫米。体褐色，头部红褐色。前翅棕褐色，外缘中部突出，内缘中部内陷（图3-29）。

图3-29　嘴壶夜蛾成虫

幼虫体长约38毫米，色漆黑，身体常弯曲成桥形（图3-30）。

（2）鸟嘴壶夜蛾　成虫体长23～26毫米，翅展49～51毫米。体褐色，头部赤橙色。前翅紫褐色，翅尖钩形，外缘中部圆突，内缘中部内凹较深，头部鸟嘴状。幼虫体色灰黑，有黑色条纹。头部灰褐色。行走时，呈拱桥状（图3-31）。

图3-30　幼虫、蛹及为害虫症状

图3-31　鸟嘴壶夜蛾成虫及幼虫

（3）枯叶夜蛾　以四川发生较多。成虫体长约40毫米，翅展约105毫米。头、胸赭褐色，腹部杏黄色。前翅暗褐色，枯叶状，自翅尖至后缘凹陷处，有1条黑褐色斜线；后翅杏黄色，有弧形和肾形黑斑各1个（图3-32）。

幼虫体色黄褐或灰褐，有暗色线纹，头部红褐色，体前部常拱曲（图3-32）。

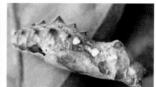

图3-32　枯叶夜蛾成虫及幼虫

3.生活习性及发生规律

葡萄吸果夜蛾的发生因种类、季节和寄生植物不同而异。各种吸果夜蛾常混合发生，但常以嘴壶夜蛾为主。成虫在葡萄果粒上刺孔，使被害果粒逐渐溃烂脱落。

三种吸果夜蛾常发生世代重叠。成虫在傍晚飞入葡萄园，静伏果面刺吸汁液。闷热无风的夜晚成虫出现数量最多。气温降至13℃以下或风力达3级以上时，吸果夜蛾发生量骤降。

（1）嘴壶夜蛾 在我国南方一年发生4～6代，有世代重叠的现象。以蛹和老熟幼虫越冬，主要以老熟幼虫越冬。翌年环境条件适宜后为害葡萄。成虫通常在5～11月期间吸食为害。交尾产卵均在夜间进行，通常晚上10点前活动频繁，成虫将卵产在葡萄嫩茎或嫩叶上。老熟幼虫通过吐丝，将叶片卷成筒状并蛰伏于内，在树干基部、杂草丛中或表土层中化蛹。

（2）鸟嘴壶夜蛾 一年发生4～5代。幼虫、蛹、成虫都可越冬。成虫多在夜间活动，并吸食葡萄果粒的汁液。成虫具有趋光性。成虫羽化后，为了保证交尾与产卵所需要的营养，需要从葡萄中吸食大量的汁液。幼虫以嫩叶为食，老熟幼虫常在植物基部四周的杂草丛中，或在叶片、碎枝条吐丝作薄茧化蛹。

（3）枯叶夜蛾 一年发生2～3代，多以幼虫越冬。待黄昏后飞进葡萄园为害果实，近夜晚时增多。天亮后隐藏在杂草丛中。成虫羽化后晚上交尾，并将卵产在葡萄的叶背上。幼虫以葡萄叶片为食，老熟幼虫入土化蛹。严重为害主要发生在8～11月。

4.防治妙招

（1）山区葡萄园尽可能连片种植，选用优质丰产的晚熟品种。

（2）清除葡萄园内以及周围的田间杂草，减少虫源。并将幼虫野生寄主植物清除，以杜绝或减少虫源。

（3）选用吸水性较好的纸张，剪成5厘米×6厘米大小的规格，并在纸上滴适量的香油，到傍晚时均匀挂在树冠外围，5～7年的葡萄树每株挂5～10片，次晨收回放入塑料袋密封保存，次日晚上加滴香油后继续挂出，依次进行直至果实采收。纸可重复使用，可有效驱逐害虫。

在果实成熟期，可用甜瓜切成小块，用针刺破瓜肉后，浸于90%晶体敌百虫20倍液，或40%辛硫磷乳油20倍液，经10分钟后取出，在傍晚悬挂在树冠上，引诱成虫取食，夜间进行捕杀，对健果、坏果兼食的吸果夜蛾有一定诱杀作用。

在果实近熟期，也可用糖醋液＋90%晶体敌百虫作诱杀剂，在黄昏放在葡萄园诱杀成蛾。

（4）利用害虫成虫的趋光性，使用频振式杀虫灯，对害虫进行诱杀，可取得非常好的防治效果。或每6700平方米葡萄园设置40瓦黄色荧光灯或其他黄色灯5～6支，对葡萄吸果夜蛾有一定拒避作用。

（5）成虫发生期间，可人工捕杀。晚上人工使用手电筒照射，很容易捕杀害虫。或采取黄色荧光灯避虫。

（6）在果实生长期，可以运用果穗套袋的保护方式，也可以免受害虫的为害。

十五、葡萄粉蚧

也叫康氏粉蚧，属同翅目、粉蚧科。国内各葡萄产区均有分布和为害，河南、河北、吉林、辽宁、山东、山西、江苏、四川等部分地区发生较重。除为害葡萄外，也能为害桃、苹果、核桃等果树。

1.症状及快速鉴别

主要以成虫和若虫开始在葡萄老枝蔓翘皮下及近地面的细根上进行刺吸为害，被害处形成大小不等的丘状突起。随着葡萄植株的生长，逐渐由枝蔓及地面细根向上部新梢转移，分散在葡萄嫩枝、果穗轴、果梗等处为害。成虫和幼虫在叶背、果实阴面、果穗内小穗轴、穗梗等处刺吸汁液，使果实生长发育受到影响。果实或穗梗被害，表面粗糙不平，并分泌一层似棉絮状的白色黏质物，表面呈棕黑色油腻状，不易被雨水冲洗掉。严重发生时，整个果穗被白色棉絮物填充。常招来蚂蚁和黑色霉菌污染果皮，被害果粒外观差，果粒畸形，含糖量降低，影响果实外观和内在品质，甚至失去葡萄的商品价值。被害树体生长不良，严重时，树势衰弱，产量下降（图3-33）。

污染果穗，影响果实外观和品质

果实被害后分泌一层黏质物，产生黑色霉菌

图3-33　葡萄粉蚧为害症状

2.形态特征

（1）成虫　雌成虫体长4.5～4.8毫米，宽2.5～2.8毫米，椭圆形，淡紫色，身被白色蜡粉，触角8节。雄成虫体长1～1.2毫米，灰黄色，翅透明，在阳光下有紫色光泽，触角10节。各足胫节末端有2个刺，腹末有1对较长的针状刚毛（图3-34）。

图3-34　雌成虫及雄成虫

（2）卵　长0.32毫米，宽0.17毫米，椭圆形，淡黄色。

（3）若虫　刚孵化的若虫，为淡黄色，体长0.5毫米，触角6节，上面有很多刚毛。体缘有17对乳头状突起，腹末有1对较长的针状刚毛。蜕皮后虫体逐渐增大，体上分泌出白色蜡粉并逐渐加厚。体缘的乳头状突起，逐渐形成白色蜡毛。

3.生活习性及发生规律

葡萄粉蚧每年发生3代。以包在棉球状卵囊中的卵在葡萄近地面的根部越冬。翌年4月上、中旬开始孵化第一代若虫。经40～50天，蜕皮为成虫。5月底～6月初，开始产卵，卵期约10天。6月上、中旬孵化第二代若虫。8月初发生第三代若虫。10月上、中旬成虫开始产卵并越冬。

4.防治妙招

（1）合理修剪　防止葡萄枝叶过密，保持架面通风透光，不要人为地给粉蚧造成适宜的生长繁育环境条件。

（2）减少虫源　秋季修剪时清除枯枝落叶。冬季剥除老皮，刷除消灭越冬卵块，集中烧毁。

（3）药剂防治　在葡萄生长前期的4～6月份，在各代若虫孵化期，可喷50%三硫磷乳油2000倍液，或80%的敌敌畏乳油1000～1500倍液。葡萄浆果着色期发现葡萄果穗被害时，可用上述药剂喷布果穗防治若虫。也可用25%亚胺硫磷乳油300～400倍液浸穗，杀死穗内的幼虫。

提示　由于粉蚧体表有一层蜡粉，在药液中，可加入适量的洗衣粉等展着剂，防治效果更好。

十六、东方盔蚧

也叫扁平球坚蚧、水木坚蚧，属同翅目、蚧科，分布在东北、华北、西北、华东等地区，是葡萄等果树和林木的重要害虫。寄主有葡萄、桃、杏、苹果、梨、山楂、核桃、刺槐、国槐、白蜡、合欢等，其中以葡萄、桃、刺槐受害最重。

1.症状及快速鉴别

以若虫和成虫为害葡萄枝叶和果实。若虫和雌成虫刺吸枝条、叶片的汁液，为害期间，经常排泄无色黏液蜜露，常诱发葡萄煤污病。

不但影响葡萄叶片的光合作用，还会招致蝇类吸食和霉菌的寄生。严重为害时，导致枝条枯死，树势衰弱（图3-35）。

图3-35　东方盔蚧为害症状

2.形态特征

（1）成虫　雌成虫黄褐色或红褐色，扁椭圆形，体长3.5～6毫米，体背中央有4列纵向排列断续的凹陷，凹陷内、外形成5条隆脊。体背边缘有横列的皱褶，排列较规则，腹部末端有臀裂缝。雄成虫体长1.2～1.5毫米，翅展3～3.5毫米，红褐色，头红黑色，翅土黄色。腹部末端有2条很长的白色蜡丝（图3-36）。

图3-36　东方盔蚧成虫

（2）卵　长椭圆形，淡黄白色，长径0.5～0.6毫米，短径0.25毫米。初产时乳白色，后变为淡黄色，近孵化时呈粉红色，卵上微覆盖蜡质白粉。

（3）若虫　将要越冬的若虫椭圆形，上、下较扁平，体赭褐色，眼黑色，体外有1层极薄的蜡层。触角、足有活动能力。越冬后的若虫沿纵轴隆起，呈黄褐色，侧缘淡灰黑色，眼点黑色，体背周缘开始呈现皱褶，体背周缘内方重新生出放射状排列的长蜡腺，分泌出大量白色蜡粉。外形与越冬前基本相同，但失去活动能力。

（4）蛹　体长1.2～1.7毫米，暗红色。

3.生活习性及发生规律

在山东、河南等黄河故道地区，每年发生2代。以2龄若虫在葡萄枝干裂缝、老皮下及叶痕等处越冬。翌年春季3月中下旬开始活动，先爬到葡萄枝条上寻找适宜的场所固着为害。4月上旬虫体开始膨大，4月末雌虫体背膨大并硬化，5月上中旬在体下介壳内开始产卵，5月中旬为产卵盛期，卵期约1个月。5月下旬~6月上旬为若虫孵化盛期，若虫爬到葡萄叶片背面固着为害，少数寄生在葡萄叶柄为害。叶片上的若虫在6月中旬先后蜕皮，并迁回到枝条上。7月上旬羽化为成虫。7月下旬~8月上旬开始产卵。第二代若虫8月孵化，8月中旬为孵化盛期，10月间再迁回到树体上越冬。

东方盔蚧能以孤雌卵生的方式繁殖后代。单雌一般能产卵1400~2700粒。第一代雌成虫发育较越冬代小，产卵量也相应减少。

在葡萄上为害较重，尤其是在红玫瑰、基米亚特、卡它巴、红鸡心、龙眼等葡萄品种上，发生更为严重。

4.防治妙招

（1）杜绝虫源 注意不要采集带害虫的葡萄接穗，苗木和接穗出圃要及时进行防虫措施处理。葡萄园附近营造防风林，不要栽植刺槐等害虫可寄生的林木。

（2）药剂防治 冬季和早春，可喷布3~5波美度的石硫合剂，或3%~5%柴油乳剂，消灭越冬若虫。

在葡萄生长期，抓住两个关键时期，进行有针对性的防治。一是4月上中旬虫体开始膨大时，可及时喷0.5波美度的石硫合剂，或50%敌敌畏乳油1500倍液。二是在5月下旬~6月上旬害虫卵孵化盛期，可喷布0.1~0.5波美度的石硫合剂，或50%马拉硫磷乳油1000倍液等，能够控制害虫的发生。

十七、葡萄虎天牛

也叫葡萄虎斑天牛、葡萄枝天牛、葡萄天牛，属鞘翅目、天牛科，主要分布在上海、河南等地。

1.症状及快速鉴别

以幼虫蛀食葡萄枝蔓为害。主要为害一年生枝，以一年生的结果母枝为主，有时也可为害多年生枝蔓。

初孵幼虫，多从芽基部蛀入茎内，多向基部蛀食，使被害处变黑，隧道内充满虫粪而不排出，幼虫的粪便与木屑均充塞于隧道内，因此在外部害虫不易发现。因常横向切蛀，形成了一处极易折断的地方，受害枝梢枯萎且易被风折，枝头断落。每年5～6月间，会出现大量新梢凋萎的断蔓现象，对葡萄的生产影响较大（图3-37）。

图3-37　葡萄虎天牛幼虫为害枝干症状

2.形态特征

（1）成虫　体长16～28毫米，体黑色，前胸红褐色，略呈球形。翅鞘黑色，两翅鞘合并时，基部有X形黄色斑纹。近翅末端有1条黄色横纹（图3-38）。

（2）幼虫　末龄幼虫体长约17毫米，淡黄白色。前胸背板淡褐色。头很小，无足（图3-38）。

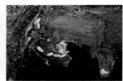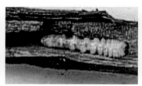

图3-38　虎天牛成虫、卵、幼虫及蛹

3.生活习性及发生规律

每年发生1代。以幼虫在葡萄被害枝蔓内越冬。翌年5～6月间开始活动，继续在枝蔓内为害，有时幼虫将枝横向切蛀，使枝条折断枝头脱落，害虫向基部蛀食。7月幼虫老熟，在枝条的咬折处化蛹，蛹期10～15天。8月羽化为成虫，成虫白天活动，寿命7～10天。将卵散产在新梢基部芽腋间、芽鳞缝隙、叶腋的缝隙或芽的附近，卵期约7天。幼虫孵化后，初孵幼虫多在芽附近浅皮下为害，以后蛀入新梢木质部内纵向为害，蛀道内充满虫粪，不排出枝外。11月后开始越冬。落叶后被害处的表皮变为黑色，易于辨别。

提示 虎天牛为害从枝蔓外表看不到害虫堆粪的情况，这是与葡萄透翅蛾为害的主要区别。

4.防治妙招

（1）清园 冬季修剪时，将为害变黑的葡萄枝蔓剪除，集中烧毁，消灭越冬幼虫。

（2）人工防治 在葡萄发芽前，检查葡萄结果母枝的芽基部位，发现变黑的斑纹，用小刀削开皮下捕捉幼虫。成虫发生期注意捕杀成虫。葡萄生长期根据出现的枯萎新梢，在折断处附近寻杀幼虫。

（3）药剂防治 害虫发生数量大时，在成虫盛发期，喷药2～3次。可喷布20%杀灭菊酯乳油3000倍液，或50%西维因可湿性粉剂300～500倍液。也可用棉花蘸50%敌敌畏乳油200倍液堵塞虫孔。

成虫产卵期，可喷布90%的晶体敌百虫500倍液，或50%的敌敌畏乳油1000倍液。

十八、葡萄透翅蛾

也叫葡萄透羽蛾，属鳞翅目，透翅蛾科，是葡萄产区主要害虫之一。分布较广，在辽宁、河北、河南、山东、山西、江苏、浙江及四川等省及京、津两市均有发生和为害。以幼虫蛀食葡萄的嫩梢、枝蔓及穗轴为害，直接影响葡萄的产量和树势，对葡萄的正常生长、结果影响极大。除为害葡萄外，也为害板栗等其他果树。

1.症状及快速鉴别

主要为害葡萄枝蔓。以幼虫蛀食新梢和老蔓的髓部，多蛀食葡萄枝蔓的髓心部。一般多从葡萄枝蔓的节间或叶柄基部蛀入。幼虫蛀入枝蔓内部以后，向嫩蔓方向取食，被害处膨大肿胀似瘤。受害处从蛀孔处排出褐色粪便，是葡萄透翅蛾为害的重要标志。幼虫为害严重时，被害葡萄植株上部叶片变黄，枯萎脱落，枝蔓容易折断或枯死，果实容易脱落，影响葡萄当年的产量及树势（图3-39）。

图3-39　葡萄透翅蛾幼虫为害枝蔓症状

2.形态特征

（1）成虫　体长约20毫米，翅展30～36毫米，体蓝黑色。头顶、颈部、后胸两侧以及腹部各节连接处橙黄色。前翅红褐色，翅脉黑色，后翅膜质透明。腹部有3条黄色横带。雄虫腹部末端有一束长毛（图3-40）。

图3-40　葡萄透翅蛾成虫

（2）卵　椭圆形，质硬，一头较齐，长0.8～0.9毫米。初产时为枣红色或浅褐色，以后逐渐变为赤褐色，无光泽，一端稍平。以顶端或一侧附于葡萄树皮上。

（3）幼虫　初孵幼虫和越冬幼虫，乳白色，半透明。低龄幼虫淡黄色，有时微带红色，常随取食部位的颜色而变暗。老熟幼虫体长26～42毫米，污白色，化蛹前为黄色。头部淡栗褐色，稍嵌于前胸。前胸背板淡黄褐色，后缘中部有1褐色倒"八"字形细斑纹（图3-41）。

图3-41　幼虫

（4）蛹　体长14～20毫米，体型细长。初为黄褐色，后逐渐变为深褐色，羽化前呈棕黑色。蛹体两端略微向腹面下弯曲。

（5）茧　椭圆形，长20～28毫米，褐色。壁厚实，表面连缀木屑和粪便。

3. 生活习性及发生规律

一年发生1代。以老熟幼虫在被害的枝蔓髓心部越冬。翌年越冬幼虫开始蛀1个圆形的羽化孔，并吐丝封住孔口，而后化蛹。南方3月下旬～4月上中旬化蛹，蛹期仅5～6天，5月上中旬，陆续羽化为成虫并交尾产卵。北方4月底～5月初化蛹，蛹期约30天，6～7月羽化为成虫。5月下旬～7月上旬幼虫为害当年生葡萄嫩枝蔓，7月中旬～9月下旬为害二年生以上的葡萄老蔓，10月中旬至冬眠以前，幼虫进入老熟阶段，食量加大，继续向葡萄植株老蔓和主干集中为害，在枝蔓内短距离往返蛀食髓部及木质部，使孔道加宽，被害枝蔓处膨大成瘤，形成越冬室。11月中、下旬老熟幼虫开始在葡萄枝蔓髓心部进入越冬阶段。

成虫羽化前，蛹开始蠕动并钻出羽化孔，露出头部，胸及腹部末端仍留在羽化孔内不落地。成虫羽化后蛹皮仍留在羽化孔处。成虫多在夜间羽化，有趋光性。羽化后不久，即交尾产卵。卵散产于葡萄枝、蔓和芽腋间，每雌成虫约产卵50粒，卵期约10天。卵孵化后，幼虫多从叶柄基部蛀入新梢内为害，蛀孔处常堆有虫粪。

4.防治妙招

（1）剪除虫枝 因葡萄枝蔓被害处有黄叶出现，枝蔓膨大增粗，在6～7月要仔细检查，发现虫枝及时剪除。秋季进行葡萄整枝修剪时，发现虫枝也要及时剪掉，集中烧毁。

（2）人工防治 经常检查，发现被蛀葡萄枝蔓要及时剪除烧毁或深埋。从6月上、中旬开始，经常观察叶柄、叶腋处有无黄色细末物排出，如果发现有害虫为害的葡萄大的枝蔓，又舍不得剪掉时，可将虫孔剥开，将害虫粪便用铁丝勾出，将浸过50%敌敌畏100～200倍液，或敌杀死1000倍液的脱脂棉球塞入蛀孔，可杀死幼虫。或用脱脂棉稍蘸烟头的浸出液，用塑料薄膜将虫孔包扎好或用黄泥堵住。如果发现葡萄主枝受害，在蛀孔内滴注烟头浸出液，也可以杀死幼虫。

（3）物理防治 在葡萄园内悬挂黑光灯，诱捕成虫。

（4）药剂防治 在成虫产卵和初孵幼虫为害嫩梢的时期，为防治害虫的关键时期。应抓住害虫防治的最佳时机，进行有效地防治。

做好成虫羽化期的预测预报。先将带有老熟幼虫的枝蔓剪成长5～6厘米，共剪10个，放在铅丝笼里挂在葡萄园内，发现成虫飞出5天后及时喷药。一般在花前3～4天和谢花后，即葡萄抽生卷须期和孕蕾期，每隔7～10天喷1次，连喷3次，效果较好。常用10%～20%拟除虫菊酯类农药1500～2000倍液，或20%速灭杀丁3000倍液，或50%亚硫磷乳油1000倍液，或25%菊乐合酯3000倍液，或20%杀灭菊酯乳剂3000倍液，或80%敌敌畏1000倍液，或50%马拉硫磷1000倍液，均有良好的防治效果。也可用20%三唑磷乳油1500～2000倍液，防治效果好，防治时间较长。

（5）生物防治 将新羽化的1头雌成虫放入用窗纱制的小笼内，中间穿1根小棍儿放在盛水的盆口上，将盆放在葡萄枝蔓旁，每晚可诱到一些雄成虫。诱到1头相当于诱到1对，避免产卵孵化幼虫为害，收效很好。

十九、葡萄根瘤蚜

属同翅目、瘤蚜科，为严格的单食性害虫。根瘤蚜曾经对葡萄生产发达的欧美国家造成过毁灭性的灾害。我国辽宁、山东、陕西、台湾等地的局部葡萄园时有发生。部分葡萄栽培区已经发现了葡萄根瘤蚜，并造成大面积毁园。葡萄园一旦发生，为害严重，必须提高警惕，引起高度重视，它已被列为国内外主要葡萄病虫害检疫对象之一。

1.症状及快速鉴别

为害葡萄栽培品种时，美洲系和欧洲系品种的被害症状明显不同。

对美洲葡萄品种为害严重，既能为害叶部，也能为害根部，因此，葡萄根瘤蚜为害可分为叶瘿型和根瘤型。叶部受害后，在葡萄叶背形成许多粒状虫瘿，称为叶瘿型（图3-42）。根部受害以新生须根为主，在须根的端部膨大，形成小米粒大小呈菱形的瘤状结；也可为害主根，在主根上形成较大的瘤状突起，称为根瘤型（图3-43）。

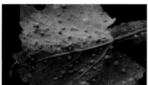

图3-42　叶瘿型

图3-43　根瘤型

为害欧亚品种和欧美杂交葡萄品种，主要使根部受害，症状与美洲系相似。但叶部一般不受害。

在雨季根瘤常发生溃烂，使皮层开裂，剥落，维管束遭到破坏，影响葡萄根系对水分和养分的吸收和运输。同时，受害根部容易受病菌感染导致根部腐烂。受害树体树势明显衰弱，叶片变小变黄，提前黄叶、落叶，产量明显下降。严重时，可导致葡萄植株死亡。

2.形态特征

根瘤蚜为害症状分为根瘤型和叶瘿型，我国发现的均为根瘤型。

（1）无翅成蚜　体长1.2～1.5毫米，长卵形，黄色或黄褐色，体背有许多黑色瘤状突起，体上生1～2根刚毛（图3-44）。

（2）卵　长约0.3毫米，长椭圆形，黄色，略有光泽。

图3-44　根瘤蚜成蚜

（3）若蚜　淡黄色，卵圆形。

3.防治妙招

目前，发现根瘤蚜之后，除了毁园，尚无彻底有效的治疗措施。关键措施在于提前预防。

（1）加强苗木检疫　葡萄苗木是根瘤蚜唯一的传播途径，在苗木检疫时要特别注意根系及所带泥土有无根瘤蚜卵、若虫和成虫。一旦发现立即就地销毁，或立即进行药剂处理。

（2）苗木消毒　对于未发现根瘤蚜的苗木也要进行严格的消毒。将苗木和枝条用50%辛硫磷1500倍液，或80%敌敌畏乳剂1000～1500倍液浸泡10～15分钟，取出阴干。虫害严重可立即就地销毁。

（3）选用抗根瘤蚜的砧木　在发病严重的地区新建葡萄园时，采用抗根瘤蚜的砧木如SO4、5BB等进行嫁接栽培，是非常有效的防治措施。我国已引入和谐、自由、更津1号和5A对根瘤蚜有较强抗性的砧木。各地可以根据当地的气候条件实际情况，适当灵活选用。

（4）土壤处理　对有根瘤蚜的葡萄园或苗圃，可用二硫化碳药剂灌注。在葡萄茎干周围距茎干25厘米处每平方米打孔8～9个，深10～15厘米，春季每孔注入药液6～8克，夏季每孔注入4～6克，防治效果较好。

还可用50%辛硫磷500克拌入50千克细土制成药土，每667平方米用药土25千克在下午3～4时施药，随即翻入土内。

注意 在葡萄花期和采收期不能使用药剂处理土壤，以免生产药害。

第四章

葡萄病虫害的综合防治

葡萄病虫害直接影响葡萄的产量、品质和市场供应。近年来，由于葡萄生产的迅速发展，病虫害种类也随之增多，要注意病虫害的防治工作。在实际防治过程中，常采取广谱的化学农药，使病原、害虫产生抗药性，杀伤天敌和污染环境。特别是葡萄较大部分供人们鲜食，使用化学农药后，农药残留的问题比较突出，迫切需要贯彻"预防为主，综合防治"的植保工作方针。结合葡萄病虫害的特点，在综合防治过程中，要以农业防治为基础，因时因地制宜，合理运用化学农药防治、生物防治、物理防治等措施，经济、安全、有效地控制病虫害，以达到提高产量和质量，保护环境和人民健康的目的。

一、植物检疫

预防葡萄病虫害的最好方法是防止危险性的病原、害虫进入未曾发生病虫害的葡萄栽培新区。植物检疫是防止病虫害扩散传播的主要预防措施，进出口和国内地区间调运的葡萄种子、苗木、接穗、种条和果品等，要严格进行现场或产地检疫，发现带有病原、害虫的材料，在到达新区以前或进入新区分散以前，及时进行防患处理。可设立观察圃进行隔离观察，严禁从疫区调运已经感病或携带病原、害虫的种子、苗木、接穗、种条和果品。发现有检疫对象时应及时扑灭。通过检疫，有效地制止或限制危险性有害生物的传播和扩散，对阻止各地未曾发生的植物病虫害的侵入，起着积极的预防作用。如葡萄根瘤蚜、美国白蛾和葡萄癌肿病等都是我国主要的检疫对象，到目前为止，对这些危险性病虫害控制效果较好，没有造成大面积的严重为害。

二、农业措施

1.选育抗病虫害的优良葡萄品种

生产上应用抗性强的葡萄品种，是防治病虫害最经济有效的方法，早已引起人们的高度重视。通过抗病虫害品种间或种间杂交，培育抗性较强的品种，防治病虫害效果明显。近年来，生产上栽培的葡萄优良品种康太，就是从康拜尔自然芽变中选育出来的，它不仅能抗寒，而且对霜霉病和白粉病抗性也较强；从日本引进的欧美杂交种巨峰种群品种抗黑痘病、炭疽病性能也较强，很受葡萄栽培者的欢迎；从国外引进抗根瘤蚜和抗线虫的葡萄砧木，如和谐、自由等，通过无性嫁接培育出的葡萄苗木，达到了防治葡萄根部病虫害的目的。

2.保持葡萄园清洁

搞好葡萄园卫生，保持清洁，是消灭葡萄病虫害的根本措施。

在每年春、秋季节要集中进行清园，将冬剪剪下的葡萄枝蔓、枯枝落叶，蔓上剥掉的老翘皮清扫干净，带出葡萄园，集中烧毁或深埋，可减轻翌年的病虫为害。

在葡萄生长季节发现病虫为害时，也要及时仔细地剪除病枝、病果穗、病果粒和病叶片，并立即销毁，防止病菌再进行传播和蔓延。

3.改善葡萄架面通风透光条件

葡萄架面枝叶过密，果穗留量太多，通风透光较差，容易发生病虫为害。因此，要及时绑蔓、摘心和疏除副梢，创造良好的通风透光条件。接近地面的果穗可用绳子适当高吊，以防止病虫为害。

4.深翻和除草

结合秋施基肥，进行土壤深翻，可以将土壤表层的害虫和病菌埋入深层的施肥沟中，以减少病虫源。也可将葡萄植株根部附近土壤中的虫蛹、虫茧和幼虫挖出来，集中杀死。葡萄园中的残枝落叶和杂草是病菌、害虫越冬和繁衍的场所，也可一并深埋，减少病虫为害。

5.加强水肥管理

科学的肥水管理是葡萄病虫害防治的基础和关键。施肥、灌水必须根据葡萄树生长发育需要和土壤的肥力情况决定。施用有机肥或无机复合肥能增强树势，提高树体的抗病虫害能力，葡萄氮肥过多、磷钾肥不足，土壤积水或干旱，能促使病虫害的发生和为害。地势低洼的葡萄园要注意排水防涝，促进葡萄植株根系的正常生长，有利于增强树体的抗逆性。

三、生物防治

生物防治是综合防治的重要环节，主要包括以虫治虫、以菌治菌等防治措施。生物防治主要特点是对果树和人畜比较安全，不污染环境，不伤害天敌和有益生物，具有长期控制的效果。

1.生物杀虫剂

目前在葡萄生产上应用较广泛的生物杀虫剂主要有：

（1）阿维菌素　即阿佛曼菌素，是一种新型高效、广谱的抗生素类杀虫杀螨剂。

（2）苏云金芽孢杆菌制剂　简称Bt，是一种在自然界中广泛分布的好气芽孢杆菌，对鳞翅目、双翅目、鞘翅目、膜翅目、螨类和线虫等许多害虫有毒杀作用。

（3）灭幼脲　属苯甲酰脲类昆虫几丁质合成抑制剂，为昆虫激素类农药，对变态昆虫，特别是鳞翅目幼虫，表现出很好的杀虫效果。

（4）苦参碱　是天然植物农药，由中草药植物苦参的根、果实等经乙醇等有机溶剂提取后制成的生物碱，一般为苦参总碱，以苦参碱和氧化苦参碱的含量最高。具有触杀和胃毒作用，对人畜安全。

（5）印楝素　是一种对多种害虫有毒杀作用的植物源活性物质，存在于印楝属印楝植物的种核和叶片中。

（6）除虫菊素　是从除虫菊花中分离萃取的具有杀虫效果的活性成分，属神经毒剂，通过触杀作用，快速击倒、堵死害虫气门致死，将害虫消灭。

2.生物杀菌剂

（1）农抗120　是中国农科院研发的一种新型抗生素，又叫抗霉菌素120。是一种碱性核苷类内吸性农用抗生素，对人畜安全、不伤害天敌、无残留，且不污染农产品。农抗120生物农药在切除后的葡萄癌肿病瘤处涂抹，有较好的防治效果。

作用机理：直接阻碍植物病原菌蛋白质的合成，导致病菌死亡，兼有保护和治疗双重作用，可用于防治葡萄白粉病、黑斑病、锈病、疫病、枯萎病、炭疽病等多种病害。其中120A和120BF可以作为防治葡萄白粉病较理想的生物药剂，对葡萄黑痘病也有较好的防治疗效。

（2）多抗霉素　又叫多氧霉素、多效霉素、多氧清、保亮、宝丽安、保利霉素，是金色链霉菌所产生的代谢产物，属于广谱性抗生素类杀菌剂。

作用机理：干扰真菌细胞壁几丁质的生物合成，抑制病菌产生孢子和病斑扩大，对葡萄霜霉病、白粉病、灰霉病、猝倒病等病害都有较好的防治效果。

（3）宁南霉素　也叫菌克毒克，是一种低毒、低残留，无"三致"和蓄积残留问题，不污染环境的新型生物源杀菌剂。

作用机理：可诱导病程相关蛋白的产生，从而增强植物的抗病性。

（4）武夷菌素　是一种高效、广谱、低毒的生物农药。

作用机理：能抑制病原菌蛋白质的合成，抑制病原菌菌丝的生长、孢子的形成和萌发，并影响菌体细胞膜的渗透性。

3.保护和利用天敌

自然界的天敌资源非常丰富，这些天敌对控制葡萄病虫害的发展起着重要的作用，如草蛉、步行虫、瓢虫、畸螯螨、钝绥螨、蜘蛛、蛙、蟾蜍等捕食性生物，许多食虫益鸟（啄木鸟）等，还包括寄生蜂、寄生蝇等寄生性生物（图4-1～图4-3）。

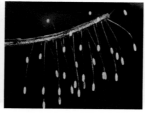

图4-1　草蛉　　　　　　　　图4-2　瓢虫

图4-3　步行虫

四、物理防治

　　利用简单的工具和各种光、热、电、温度、湿度和放射能、声波等物理方法防治葡萄病虫害的措施，称为物理防治。包括最原始、最简单的徒手捕杀或清除，以及近代物理最新成果在葡萄园的运用。

　　利用果树病原、害虫对温度、光谱、声响等的特异性的反应和耐受能力，杀死或驱避有害生物。如生产上栽培的无病毒葡萄苗木常采用热处理方法脱除病毒，葡萄苗木在30℃条件下处理1个月以上可以脱除茎痘病。

　　利用许多害虫有群集和假死的习性，可采用人工捕杀。例如天牛、金龟子有受惊吓假死的习性，可在白天震动枝干使成虫受惊落地进行捕杀，方法简便，经济有效。草履介壳虫早春若虫将要上树为害时，在树干基部涂宽黏胶环阻止或杀死上树的若虫。一些害虫的幼虫喜欢在葡萄干翘皮、草丛、落叶中越冬，利用这一习性，可在葡萄果实采收后，在树干绑缚松散的草绳，诱杀幼虫。利用昆虫的趋光性，在葡萄园内安装黑光灯，可诱杀趋光性害虫的成虫，对鳞翅目、鞘翅目、双翅目、半翅目、直翅目害虫的成虫，都有良好的诱杀效果。也可在葡萄园便道堆火，引诱蚱蝉等害虫扑火而死，应用较为普遍，防治效果也较好。但要尽可能减少误诱害虫天敌的数量。

　　对于有趋化性的害虫，还可以利用糖醋液、性外激素诱杀等方法来消灭害虫。

五、化学防治

　　应用化学农药直接杀死病菌和害虫的方法，控制病虫害发生，称为化学防治。是目前果树病虫害防治的必要手段，也是综合防治不可缺少的重要组成部分。化学防治具有见效快、效率高、效果好、广谱、使用方便、受区域限制较小，适合大面积机械化作业等优点，有其他防治方法不能代替的优点，特别是对大面积、突发性病虫害，可在短期内迅速得到有效的控制。但长期使用一种药剂易导致病虫的抗药性增加，害虫的再次猖獗和次要害虫的上升，以及农药残留，污染环境、人、畜和食品等。尽管化学防治存在诸多的弊端，如污染环境、杀伤天敌和残毒等问题，但因其方法简单、效果好、便于机械化作业，目前仍是葡萄病虫害防治最有效的控制手段，对于病虫害发生面积大、蔓延快、使用其他方法难以控制、为害程度严重，并对生产构成重大威胁的情况下，采用化学防治，会收到良好的防治效果。

1.科学选择农药

在选择农药时，应遵循以下几点：

（1）对症下药 "症"指的是病原物和害虫。每种药剂只对某些一定类群的病原物或害虫有效，即使广谱药剂波尔多液，也只适用于绝大多数真菌性病害，而对白粉病菌效果不佳。因此，在确定病虫的基础上准确用药，才能有效控制病虫的为害，节省不必要的开支。根据病虫预测预报或历年的为害发生规律，按照"防重于治"的原则，在病虫害发生之前喷保护性药剂，可有效地预防病虫害的发生。

（2）适时用药，保证质量 葡萄各种病虫害需研究确定化学药剂的防治指标，再根据当时的预测预报，及时施用。防治过早或过迟都会造成较大的浪费或损失。根据所用药剂的残效期长短、病害流行速度、天气状况和葡萄树的生育状况，决定喷药的次数及间隔期的长短。必须注意与所用机具和方法配合得当，保证所需的药量，如果药量不足，防效不佳，会贻误防治的最佳时机。如果药量过多，又会造成浪费，或产生药害。喷药时间要科学，特别在夏季气温高，晴天喷药时间应在上午10时以前或下午4时以后，防止药液中的水分蒸发过快，药液浓度迅速增高，而发生药害。喷施药液时需保证均匀周到，不留死角，力求防治彻底。

（3）交替用药 如果长期大面积使用某一类药剂，会促使病虫产生抗药性，导致用药量被迫逐年增大，防效持续降低，形成恶性循环。

因此，在选择农药时，为了延长那些高效、特效药剂的使用年限，维持它们的持久威力，在同一地块内不要连续多年、多次、单一使用同一种药剂，应选用不同的有效药剂轮换使用，或选用杀菌机制不同的2～3种药剂混合使用。如杀虫剂中的拟除虫菊酯、氨基甲酸酯、生物农药等几类农药可以交替使用。反之，像波尔多液这类一般性杀菌剂，它的杀菌机制在于铜离子凝固病菌原生质，选择性不强。因而，对波尔多液始终尚未发生抗药性问题，可以放心地坚持连续使用。

2.农药配制注意事项

（1）仔细阅读农药商品使用说明书和标签内容，确定当地条件下的用药量及使用方法。

（2）药液调配要认真计算制剂取用量和配料用量，以免出现差错。

（3）计算后的制剂取用量，要严格按照规定量提取。液体药剂要用有刻度的量具；固体药剂要用秤称量。提倡厂家产品包装有为定量提取提供方便的条件。不能用瓶盖量药、倒药，绝不能用饮水桶进行配药。

（4）不提倡以综合治理为由，将各类药剂同时混配兑水喷施。如有必要需在果树专业人员指导下进行。

（5）不能用盛药水的桶直接下沟、河取水。不能用手伸入药液或粉剂进行搅拌，不能用手直接接触颗粒剂撒施。如果遇到喷雾器喷头孔堵塞，不能用口直接去吹。

（6）开启农药、配制和使用农药时，要佩戴一定的防护用品。

（7）药品存放要安全，应远离儿童，需在儿童够不到的地方存放。孕妇及哺乳期的妇女，不能参与配药和喷施农药的生产操作。

（8）配药器械一般要求专用，每次用后要洗净。不得在河流、小溪、井边冲洗。

（9）少量剩余和废弃的农药，应深埋入地坑中。建议按照严格的规定标准，处理好农药的包装物。

（10）处理粉剂时，要小心操作，防止粉尘飞扬。

（11）喷雾器不宜装药液太满，以免药液泄漏。

（12）当天配制好的药液，提倡当天用完，配制好的药液不宜长时间存放。

葡萄病虫害周年综合防治历

一、休眠期（11~3月）

1.防治对象

葡萄炭疽病、霜霉病、黑腐病、白腐病、黑痘病，介壳虫、瘿螨、透翅蛾等各种越冬病虫。

2.防治措施

（1）葡萄落叶后结合冬季修剪，剪除各种病虫枝蔓、病叶、干枯果穗等。

（2）冬季清园。清除葡萄架上干枯的果穗，刮除枝蔓上的病皮、老皮，清扫枯枝落叶、落果，集中烧毁或深埋。清园后，对树体喷1次1:1:200倍的波尔多液，或30倍的晶体石硫合剂。

（3）葡萄下架防寒或出土上架，可用500倍机油石硫合剂，或用3~5波美度的石硫合剂＋200倍五氯酚钠混合液。混合液的配制方法：先将五氯酚钠完全溶解，后将石硫合剂慢慢倒入，边倒边搅拌。喷施葡萄主干、枝蔓、树上、树下、水泥柱桩、铁丝及地面，彻底杀灭越冬病虫源。

二、萌芽至露白前（3月中旬~4月上旬）

1.防治对象

葡萄黑痘病、霜霉病、灰霉病、穗轴褐枯病。

2.防治措施

（1）葡萄芽开始膨大时，喷1次1:0.5:250倍的波尔多液，或晶体石硫合剂30倍液，重点喷在葡萄的结果母枝上。

（2）喷80%必备（80%波尔多液）400倍液。

三、新梢展叶至开花前（4月中旬～5月上旬）

1.防治对象

葡萄穗轴褐枯病、黑痘病、炭疽病、灰霉病、霜霉病、葡萄大小粒；介壳虫、金龟子、叶蝉、透翅蛾、螨类。

2.防治措施

（1）葡萄萌芽至2～3片叶展叶期进行防治。黑痘病严重的在展叶后，立即喷布40%福星6000～8000倍液，可适当加入70%山德生（或70%安泰生）600倍液，每隔7～10天喷1次，连续喷2次。也能预防其他多种葡萄病害。

（2）葡萄发病前，可喷80%代森锰锌（大生）600～800倍液，或68.75%易保1000～1500倍液，或20%多菌灵500倍液等药剂。每隔7～10天喷1次，连续喷2～3次。

（3）葡萄灰霉病严重的，在花前15天和花前2天，可喷40%施佳乐750倍液，或25%菌思奇750倍液，或50%腐霉利（速克灵）1000倍液，或50%异菌脲（扑海因）1000倍液等药剂。

（4）采用避雨栽培，有利于保花保果，可提高坐果率，提高产量，效果明显。

（5）葡萄花序展露至开花前，葡萄穗轴褐枯病发生时，可在葡萄果穗长至5厘米以上时，喷34%的好力克10000倍液＋70%安泰生800倍液（或24%应得3000倍液）。

（6）葡萄大小粒严重的，可喷多聚硼1500倍液，花前、花后各喷1次。花后幼果期喷美钙镁750倍液。

四、落花后至幼果膨大期（5月中下旬～6中下旬）

1.防治对象

葡萄白腐病、炭疽病、霜霉病、白粉病、灰霉病、穗轴褐枯病；葡萄透翅蛾、金龟子。

2.防治措施

（1）葡萄发病前，可喷68.75%易保1000～1500倍，每隔7～10天喷1次，连续喷2次。黑痘病发生初期，可喷40%福星6000倍液，每隔8～10天喷1次，连喷2～3次。

（2）葡萄霜霉病发生初期，以预防为主。可喷72%霜脲氰（克露）600～700倍液，或50%甲霜·锰锌1500倍液，或70%安泰生600倍液，或68.75%杜邦易保800倍液等药剂。每隔5～7天喷1次，连喷2～3次。如果雨水多，葡萄霜霉病发生严重时，可用52.5%抑快净2000～3000倍液喷雾，可控制病害的发展。

（3）如果葡萄发生虫害，喷药防治时，可混加10%杀螨净1500～2000倍液，或10%吡虫啉3000倍液。

（4）葡萄灰霉病严重时，可喷40%施佳乐750倍液，或25%菌思奇750倍液，或50%腐霉利（速克灵）1000倍液，或50%异菌脲（扑海因）1000倍液。重点在葡萄始花期和终花期各喷1次，可控制病害的发展。

（5）葡萄穗轴褐枯病严重时，在落花后的幼果期，重点喷34%好力克10000倍液＋70%的安泰生600倍液（或24%应得3500倍液）。

（6）防治葡萄透翅蛾、金龟子时，可用5.7%天王百树1500倍液，在傍晚进行喷药，效果好。

（7）地面喷施3～5波美度的石硫合剂，可杀灭葡萄白腐病等病原菌，减少菌源。

（8）葡萄套袋栽培，可有效地防病、防虫。

五、浆果硬核期至着色初期（6月底～7月上）

1.防治对象

葡萄霜霉病、炭疽病、白粉病、白腐病、缩果病、裂果；金龟子、吸果夜蛾。

2.防治措施

（1）葡萄发病前，喷易保1000～1500倍液，每隔约10天，喷1次，连续喷2次。

（2）葡萄发病时，可喷72%克露700倍液，或40%福星6000倍液，或75%百菌清800～1000倍液，或10%世高600～700倍液，或77%可杀得2000可湿性粉剂400～500倍液等药剂。每隔约7天喷1次。

（3）防治葡萄霜霉病，可用10%科佳1000倍液，或68.75%银法利600倍液，或33.5%必绿2号1000倍液，或66.8%霉多克600倍液，或70%安泰生800倍液等药剂喷雾防治。

（4）防治葡萄炭疽病，可用43%好力克5000倍液，或10%世高1000～1500倍液喷雾。

（5）防治金龟子，可用5.7%天王百树1000倍液，或2.5%秋风扫1500倍液喷雾。

（6）防治葡萄缩果病，可用喷优聪素600倍液，或葡萄生力液1500倍液，或巧施钾750倍液喷雾，喷1～2次。也可增施钙肥，预防缩果病。

（7）葡萄硬核期预防裂果，可喷美钙镁750倍液，或富利硼1000倍液，一般喷1次即可。

（8）套袋防鸟害，在干旱年份葡萄套袋前要浇1次透水。

六、浆果着色至完熟期（7月中旬～8月）

1.防治对象

葡萄霜霉病、白粉病、锈病、叶斑病、炭疽病、白腐病、防裂果；红蜘蛛。

2.防治措施

（1）防治葡萄霜霉病，可用33.5%必绿2号1000倍液，或68.75%银法利600倍液，或70%安泰生600倍液，或50%施得益600倍液，或66.8%霉多克600倍液等药剂喷雾防治。

（2）防治葡萄白粉病，可用15%三唑酮（粉锈宁）1500倍液喷雾。

（3）防治葡萄炭疽病，可用25%咪鲜胺1500倍，或43%好力克5000倍喷雾。

（4）防治葡萄白腐病，可用35%春满春1500倍液，或30%爱苗3000倍液，或24%满穗1500倍液喷雾。

（5）防治葡萄锈病、叶斑病，可用抑快净2500倍液喷雾。虫害严重时，可加百树得（氟氯氰菊酯）2000～3000倍液喷雾，兼防虫害。

（6）预防葡萄裂果，可用美钙镁750倍液，喷1次即可。

（7）防治红蜘蛛，可用1.8%阿维菌素1500倍液，或3%克螨特2000倍液，或24%螨为5000倍液等药剂喷雾。

（8）葡萄采收前，可用80%喷克800倍液，或50%多菌灵500～600倍液，或80%炭疽福美500～600倍液。提倡用喷克药剂，不污染果面，能使果皮细嫩，提高品质。

> **注意** 农药安全间隔期，果实采收前15天，停止一切用药。

七、新梢成熟至落叶期（8月中旬～10月）

1.防治对象

重点防治葡萄霜霉病。主要以冬孢子、夏孢子借风雨传播，以冬孢子在落叶上过冬。在北方多在秋季发生病害，8～9月为发病盛期。长江以南地区在6月下旬，先为害近地面的葡萄叶片，7月中下旬梅雨结束后，气候常高温干燥，夏孢子靠风传播，落在叶片上后7天内便出现病斑，病情转重，8～9月继续侵染，流行很快。病叶黑褐色枯死，造成早期落叶。8～10月为营养积累期，应保证叶片生长良好，多制造养分，为下一年丰产打好基础。

2.防治措施

（1）发病初期，可用72%克露700～800倍液，或68.75%银法利600倍液，或70%安泰生600倍液，或68.75%杜邦易保800倍液，或50%施得益600倍液，或66.8%霉多克600倍液等药剂喷雾。每隔7～10天喷1次，连喷2次，保护好叶片，保证葡萄正常生长发育。

（2）可喷布15%三唑酮（粉锈宁）1500倍液，或1:0.7:240倍的波尔多液。

（3）葡萄采收后，彻底清除园内落叶、落果，剪除白腐病、蔓枯病、根癌病及透翅蛾、虎天牛等为害的枯枝死蔓，集中在葡萄园外烧毁，减少病虫初侵染来源。

> **提示** 除了在葡萄花期以外，每隔15天喷1次1:1:200的波尔多液，进行叶片预防保护。

附表一　葡萄主要病虫害防治年历

物候期	重点防治对象	防治措施和要点
萌芽前	黑痘病、褐斑病、炭疽病、锈壁虱、短须螨、介壳虫、葡萄透翅蛾等	对树干和地面喷布3~5波美度的石硫合剂，对越冬病原和害虫进行铲除
3~4叶期	黑痘病、锈病、绿盲蝽、灰霉病、蚜螨、蚜虫等	可喷42%代森锰锌悬浮剂800倍液1次。有虫害发生时，混配10%高效氯氰菊酯2000倍液。如果虫害严重，用40%氟硅唑乳油6000~8000倍液，进行喷雾治疗
开花期	黑痘病、锈病、灰霉病、穗轴褐枯病、绿盲蝽等	是灰霉病和穗轴褐枯病的高发期，同时也是炭疽病和白腐病的传入初期和孢子传播期，花前喷布10%的苯醚甲环唑水分散粒剂1500倍液1次。如果有虫害，混加5%的吡虫啉乳油1500倍液。花后喷40%嘧霉胺悬浮剂800倍液1次
果实膨大期	炭疽病、白腐病、黑腐病、灰霉病、房枯病、白粉病等	喷30%苯醚甲环唑·丙环唑+25%嘧菌酯悬浮剂2000倍液。喷药后，立即进行果实套袋。如果白粉病发生，用10%美钕水剂600~800倍液喷雾
转色期	霜霉病、褐斑病、炭疽病、白腐病、白粉病等	无叶部病害时，每隔15~20天喷1次25%嘧菌悬浮剂2000倍液。对叶片进行保护。如果有霜霉病发生，用69%的烯酰吗啉·锰锌600倍液，或72%霜脲氰锰锌600倍液进行治疗。如果有褐斑病，用62.25%腈菌唑+42%代森锰锌悬浮剂600~800倍液喷雾。果穗发病，直接剪除，集中深埋
成熟期	霜霉病、炭疽病、白腐病、房枯病、褐斑病等	无叶部病害时，每隔15~20天喷1次42%代森锰锌悬浮剂600~800倍液，进行叶片保护。如果有霜霉病发生，用69%的烯酰吗啉·锰锌600倍液，或72%霜脲氰锰锌600倍液进行治疗。如果有白粉病发生，用30%苯醚甲环唑·丙环唑+42%代森锰锌悬浮剂600~800倍液喷雾。果穗发病，直接剪除，集中深埋
采收后到落叶前	霜霉病、褐斑病等	每隔15天喷1次1:1:(200~240)倍的波尔多液，保护叶片。如果有霉病发生，用69%烯酰吗啉·锰锌600倍液，或72%霜脲氰锰锌600倍液，进行喷雾防治。如果有褐斑病发生，用30%苯醚甲环唑·丙环唑+25%嘧菌酯悬浮剂2000倍液进行喷雾

参考文献

[1] 王江柱，仇贵生.葡萄病虫害诊断与防治原色图鉴.北京：化学工业出版社，
     2014.

[2] 吕佩珂，苏慧兰，高振江等.葡萄病虫害防治原色图鉴.北京：化学工业出版
     社，2014.

[3] 卜庆雁，周晏起.图说葡萄栽培关键技术，北京：化学工业出版社，2014.

[4] 陈敬谊.葡萄优质丰产栽培实用技术.北京：化学工业出版社，2016.

[5] 黎盛臣.大棚温室葡萄栽培技术.北京：金盾出版社，2012.

[6] 刘捍中.葡萄栽培技术.北京：金盾出版社，2012.

[7] 杨治元，王其松，应霄.222种葡萄病虫害识别与防治.北京：中国农业出版
     社，2016.

[8] 李知行.葡萄病虫害防治.北京：金盾出版社，2011.

[9] 王江柱，侯保林.葡萄病害原色图说.北京：中国农业大学出版社，2001.

[10] 王江柱.葡萄高效栽培与病虫害看图防治.北京：化学工业出版社，2011.

[11] 王江柱，徐扩，齐明星.果树病虫草害管控优质农药158种.北京：化学工业出
      版社，2016.